Marcelo Bizerril

VIVENDO NO CERRADO E APRENDENDO COM ELE

Selecionado para o PNLD-SP 2006

1ª edição
Conforme a nova ortografia

Editora Saraiva

EDITOR: ROGÉRIO CARLOS GASTALDO DE OLIVEIRA
ASSISTENTE EDITORIAL: KANDY SGARBI SARAIVA
SECRETÁRIA EDITORIAL: ANDREIA PEREIRA
COORDENAÇÃO DE REVISÃO: PEDRO CUNHA JR. E LILIAN SEMENICHIN
PREPARAÇÃO DE ORIGINAIS: KANDY SGARBI SARAIVA
GERÊNCIA DE ARTE: NAIR DE MEDEIROS BARBOSA
SUPERVISÃO DE ARTE: VAGNER CASTRO DOS SANTOS
PESQUISA ICONOGRÁFICA: MARCELO BIZERRIL
ROGÉRIO CARLOS GASTALDO DE OLIVEIRA
DIAGRAMAÇÃO E FINALIZAÇÃO: FRANCISCO AUGUSTO DA COSTA FILHO
PROJETO GRÁFICO: CHANCERYS
CAPA: ALEXANDRE RAMPAZO

CONSERVAÇÃO INTERNACIONAL/BRASIL
WWW.CONSERVACAO.ORG.BR
REVISÃO PEDAGÓGICA E GLOSSÁRIO: VIVIANE JUNQUEIRA DOS SANTOS
PESQUISA ICONOGRÁFICA: ANDREA MARGIT

CRÉDITOS DAS IMAGENS DA CAPA
CAPA: CACHOEIRA — HAROLDO PALO JÚNIOR
CIGANINHA — HAROLDO CASTRO/CONSERVAÇÃO INTERNACIONAL
PINTURA RUPESTRE — MARCELO BIZERRIL
FESTA DO DIVINO — OPÇÃO BRASIL/FOTOARQUIVO
ARARA — DIGITAL VISION
LOBO-GUARÁ — KINO

4ª CAPA: VISTA AÉREA DO RIO JACUBA, PARQUE NACIONAL DAS EMAS:
HAROLDO CASTRO/CONSERVAÇÃO INTERNACIONAL

Dados Internacionais de Catalogação na Publicação (CIP)

Bizerril, Marcelo
Vivendo no Cerrado — e aprendendo com ele /
Marcelo Bizerril.— São Paulo : Saraiva, 2009.
Suplementado por manual do professor (na Internet)

Bibliografia.
ISBN 978-85-02-04917-8 (aluno)

1. Cerrado 2. Conservação da natureza
3. Ecossistemas 4. Livros de leitura
(Ensino fundamental) I. Título.

CDD-372.412

Índice para catálogo sistemático:

1. Cerrado : Livros de leitura : Ensino fundamental 372.412

9ª tiragem, 2017

Editora Saraiva

SARAIVA Educação S.A.
Avenida das Nações Unidas, 7.221 – Pinheiros
CEP 05425-902 – São Paulo – SP
www.editorasaraiva.com.br

Tel.: (0xx11) 4003-3061
atendimento@aticascipione.com.br

CL: 810138
CAE: 603345

Apresentação

Caro leitor,

Este livro é resultado do desejo de contribuir para a conservação do Cerrado, ambiente tão belo e rico, porém desconhecido e esquecido por tantos brasileiros. Muitas pessoas ainda têm uma visão estereotipada do interior do Brasil, e o Cerrado sofre as consequências de ser encarado como um ambiente árido e pobre em espécies. Muitos têm sido os incentivos para sua ocupação indiscriminada e ainda é reduzida a preocupação com a manutenção da qualidade ambiental.

Repensar a relação do ser humano com a natureza é uma necessidade mundial e inclui todos os ecossistemas brasileiros, mas, particularmente na região do Cerrado, a questão é alarmante. O brasileiro parece ter despertado para a necessidade do uso sustentável da Floresta Amazônica, para a fragilidade do Pantanal mato-grossense, a destruição assombrosa da Mata Atlântica e a beleza dos nossos ecossistemas litorâneos. Porém, biomas como a Caatinga e o Cerrado, que juntos ocupam mais de um terço do país, ainda não obtiveram a merecida atenção.

É preocupante verificar que a população humana do Cerrado (especialmente nos grandes centros) é pouco informada sobre o lugar onde vive e, talvez por isso, pouco envolvida na sua conservação. Uma breve avaliação das nossas escolas e dos livros didáticos reforça essa ideia. E, assim, o Cerrado vem rapidamente sendo substituído por cidades, hidrelétricas e grandes empreendimentos agropecuários, sem questionamentos ou manifestações significativas por parte da sociedade como um todo. De outro lado, existe gente preocupada e agindo em prol da divulgação e conservação do Cerrado, ainda que enfrentando as dificuldades associadas à falta de apoio e informação sobre o assunto. Muito está sendo feito, mas ainda há muito a fazer. Todos são bem-vindos na luta por um tratamento mais generoso ao nosso Cerrado.

É verdade que nas últimas décadas muitas pesquisas têm dado novos significados aos encantos do Cerrado; porém, este livro procura suprir a ausência de publicações sobre esse bioma com enfoque mais voltado aos educadores e interessados na conservação dele. Esforços foram feitos para produzir um texto leve e agradável, apesar do rigor das informações científicas. O livro traz aspectos descritivos do Cerrado, uma avaliação dos principais impactos sofridos e sugestões de ações visando reverter o quadro de devastação, a partir da educação não formal e formal. O texto também traz questões visando a reflexão, debates e pesquisas como formas de estimular ações concretas em favor da conservação do Cerrado localmente. Para facilitar a leitura, os termos ambientais são explicados em boxes laterais e um glossário com outros termos importantes foi incluído no final.

Desejo sucesso a todos no processo de educar nossos jovens, ensinando-os a amar e respeitar a natureza do local onde nasceram e vivem, e onde – espero – muitas outras gerações ainda viverão, usufruindo as suas riquezas e belezas.

M. B.

Agradecimentos

A elaboração deste livro não seria possível sem o apoio do Centro Universitário de Brasília – UniCEUB, dando condições para o desenvolvimento do projeto "Capacitação de professores para a inserção da temática Cerrado no Ensino Fundamental", durante o ano de 2003. Em 2004, a parceria entre Editora Saraiva e Conservação Internacional viabilizou a produção da obra, aprimorando-a em vários sentidos. A todos vocês, meus sinceros agradecimentos.

Muitos professores e alunos do Ensino Fundamental de Brasília, assim como estudantes do curso de Biologia do UniCEUB, contribuíram indiretamente para a elaboração deste trabalho por meio do convívio e trocas de experiências.

Profundos conhecedores e defensores do Cerrado contribuíram de diversas formas para a versão final do livro. Agradeço a todos e, em particular, a Flávio Rodrigues, Dulce Rocha, Elizabeth Costa, Bruno Walter, Ricardo Machado, Carlos Bianchi e Nikolas Behr. Um agradecimento especial vai para Viviane Junqueira, pela revisão pedagógica do texto, elaboração do glossário e sugestões de atividades e planos de aula que podem ser encontrados no complemento Mãos à obra, disponível na Internet (http://hotsites.editorasaraiva.com.br/Edig/cerrado/index.html).

Agradeço especialmente a Tania, Joseph e Rita, sempre presentes, e aos meus mestres, que me ensinaram a amar o Cerrado.

Sumário

7

21

49

39

63

Savana africana
Joseph de Paula Bezerril

"Olhe bem os cerrados da próxima vez,
rasteje por entre capins e cupins
e sinta o cheiro do anoitecer.
O Cerrado é milagre, minha gente."

Nicolas Behr

Este livro é dedicado à Taís e a todos os educadores que sonham e lutam para construir uma sociedade mais harmônica com a natureza.

O ambiente

Canion do Parque Estadual das Nascentes do Rio Taquari, MS
Lysandre Ribeiro/Conservação Internacional

Uma savana chamada Cerrado

A savana africana tem muitas similaridades de paisagens com o Cerrado.

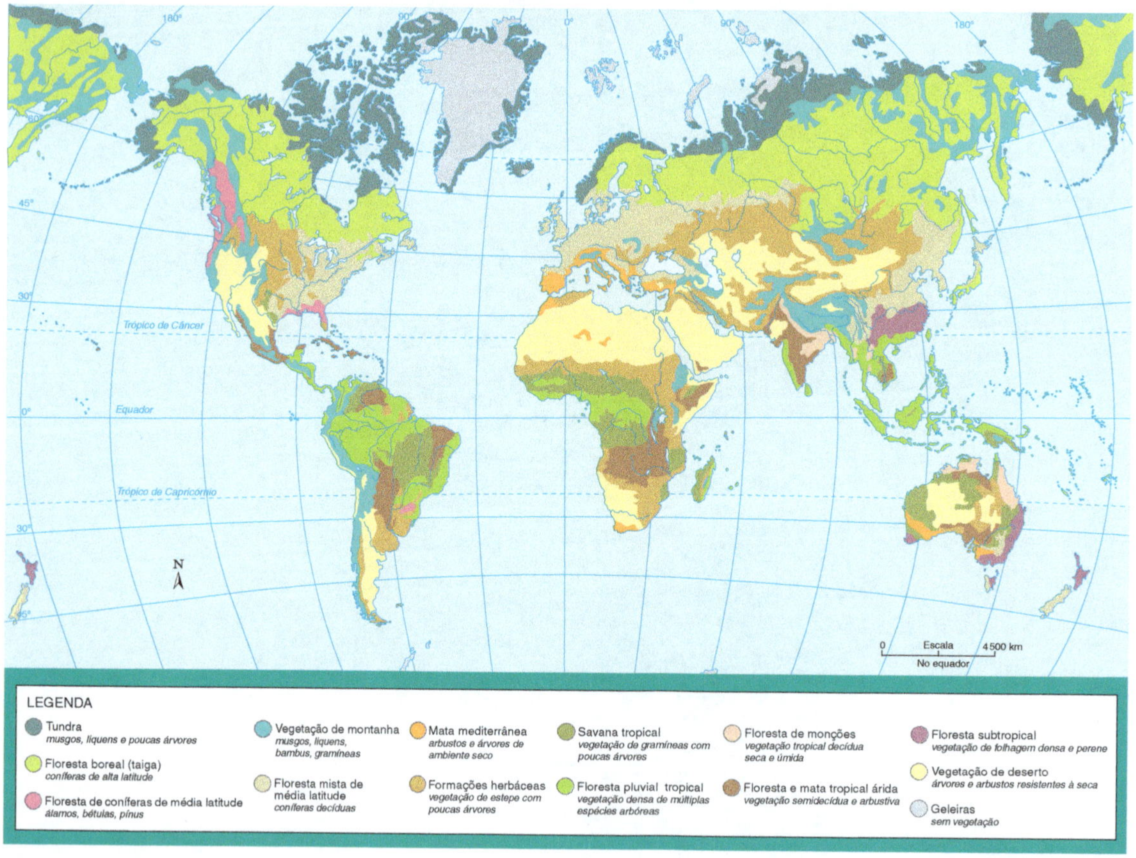

Mapa-múndi indicando a ocorrência de outras savanas.

Cerrado é o nome dado a um conjunto de tipos de vegetação típicos da porção central da América do Sul. É um tipo de savana, como as que ocorrem na África, na Austrália e na Venezuela, e por isso apresenta muitas características comuns às savanas dos outros continentes. Uma importante característica é a presença de árvores espaçadas, intercaladas por uma vegetação rasteira.

Savana: extensa planície tropical ou subtropical, com esparsas árvores ou grupos de árvores intercaladas por vegetação herbácea.

Como resultado pode-se dizer que a vegetação do Cerrado apresenta três estratos ou camadas: um *rasteiro*, formado por gramíneas e ervas; um *arbustivo*, formado por pequenos arbustos; e um *arbóreo*, formado por árvores de maior porte.

Outra característica típica das savanas é o regime de chuvas. Existem duas estações bem definidas: uma seca e outra chuvosa. Muitas pessoas que visitam a região dos cerrados na época seca imaginam que ela é castigada pela falta de chuvas, mas, na verdade, anualmente caem lá de 750 a 2 000 milímetros de chuva (média de 1 500). Em média, esse número não é muito inferior à quantidade de chuvas que caem na região Amazônica (de 1 500 a 3 500 mm / ano) ou na floresta Atlântica (2 000 a 2 500 milímetros). A diferença é que nesses outros lugares as chuvas são mais bem distribuídas ao longo do ano.

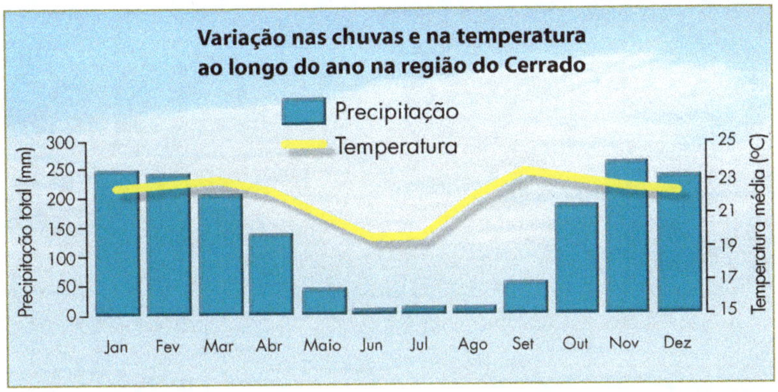

Assim, pode-se dizer que a estação seca vai aproximadamente de maio a setembro (com precipitação média mensal de 24,3 milímetros), e a estação chuvosa vai de outubro a março (com precipitação média mensal de 212,4 milímetros), ou seja, 90% da precipitação total anual concentra-se na estação chuvosa. Como o Cerrado distribui-se em altitudes que variam de menos de 300 metros a chapadas de até 1 600 metros, além da extensa distribuição em latitude, a variação térmica é bastante acentuada. Considerando essa variação, a temperatura média nesse local é de cerca de 20 ºC, podendo variar de temperaturas muito quentes (acima de 30 ºC) ao frio intenso, possibilitando até a ocorrência de geadas.

A altitude média na região é de 500 metros acima do nível do mar, e apenas 15% da área do Cerrado situa-se acima de 1 000 metros. O relevo é dominado por elevações suaves, denominadas chapadas, e por vales, por onde fluem os muitos rios e riachos. Aliás, ao contrário do que muita gente pensa, o Cerrado representa importante fonte de água para o país. Por estar situado em posição mais elevada, os rios que nascem lá correm para diferentes bacias hidrográficas brasileiras, como as dos rios São Francisco, Tocantins, Araguaia e Paraná. Quem percorre a região facilmente se depara com belas cachoeiras e córregos.

Um dos maiores reservatórios de águas subterrâneas do mundo também passa pelo Cerrado. O aquífero Guarani, com 37 mil quilômetros cúbicos de água, ocupa uma área que passa pela Argentina, Paraguai, Uruguai e Brasil (em oito estados do Sul, Sudeste e

Precipitação: na Meteorologia, significa produto da condensação da umidade atmosférica depositado no solo, como a chuva, a neve, a geada etc. Também se refere à quantidade de chuva caída.

Bacia hidrográfica: também chamada de bacia de captação ou bacia de drenagem, são as terras vizinhas a um lago ou rio. As chuvas caem sobre a bacia hidrográfica, que, então, recolhe a água para um lago ou rio através de escoamento superficial.

Aquíferos: grandes áreas de rocha, cascalho ou areia permeáveis que ficam saturadas de água como se fossem "esponjas". Podem cobrir áreas que vão de poucos a milhares de quilômetros quadrados. Existem dois tipos de aquíferos: aqueles situados perto da superfície do solo e realimentados com água da superfície, por infiltração, e os encontrados nas camadas mais profundas do solo, que possuem uma camada de rocha impermeável por cima, impedindo que a água simplesmente infiltre. As áreas de "recarga" ocorrem onde as camadas impermeáveis alcançam a superfície.

Centro-Oeste). Todavia, essa riqueza já está sob risco de contaminação por poluentes, especialmente agrotóxicos, em vários pontos de cultivo de milho, cana-de-açúcar, soja, arroz, maçã e pastagens.

Dispersão de poluentes: ato de disseminar ou espalhar pelo ambiente natural qualquer tipo de poluição, tornando-o impróprio para uma finalidade específica.

Agrotóxicos, pesticidas: nome genérico para venenos que matam organismos indesejados. Durante algum tempo, os pesticidas foram considerados como panaceia, mas muitos perigos dos pesticidas tornaram-se evidentes com o passar das décadas. Os pesticidas podem ser divididos de acordo com o tipo de praga a que se destinam: os inseticidas matam insetos; os herbicidas, ervas daninhas; os fungicidas, fungos; e os rodenticidas matam roedores. A maioria dos pesticidas é usada apenas sobre quatro tipos de plantação: milho, algodão, trigo e soja.

Marcelo Bizerril

Haroldo Palo Jr.

Marcelo Bizerril

Paisagens da Chapada dos Guimarães, em Mato Grosso.

para refletir e debater

A água é um recurso fundamental para nossa sobrevivência, e o Brasil é um dos países que mais dispõem desse recurso. Contudo, a poluição e o desperdício estão ameaçando seriamente nossa fonte de água, que *não* é inesgotável! Observe as pessoas a sua volta e o seu próprio comportamento e liste as várias formas pelas quais desperdiçamos água. O que fazer para conter o desperdício?

O Centro-Oeste também se destaca pela grande quantidade de cavernas, havendo mais de 500 cadastradas apenas no estado de Goiás. São ambientes importantíssimos em termos ecológicos, arqueológicos e paleontológicos. Estudos tanto sobre as relações entre os organismos em ecossistemas, como da vida de animais extintos e de nossos antepassados em tempos remotos têm avançado graças à existência das cavernas. Lamentavelmente, muitas delas vêm sendo seriamente afetadas pela depredação feita por visitantes, que deixam lixo e retiram belas formações rochosas, e pela extração de calcário feita com o uso de dinamite.

Ecossistema: a biosfera, que reúne todos os ambientes onde se desenvolvem os seres vivos, se divide em unidades menores chamadas ecossistemas, que podem ser uma floresta, um deserto e até um lago. Um ecossistema caracteriza-se pela inter-relação entre os organismos que o compõem e os fatores que compõem o meio físico (água, luz, solo etc.). Todas as partes do ecossistema influenciam-se reciprocamente.

Dulce Rocha

Região do Parque Estadual de Terra Ronca, em Goiás.

No Brasil, podem ser encontradas manchas de cerrado isoladas em estados do Norte, como Roraima, Amapá, Amazonas e Pará. Entretanto, a área principal ou nuclear do Cerrado abrange especialmente estados do Centro-Oeste e Sudeste. Onze estados dessas regiões apresentam trechos ocupados pela vegetação do Cerrado: Goiás, Tocantins, Mato Grosso, Mato Grosso do Sul, Rondônia, Minas Gerais, São Paulo, Bahia, Ceará, Maranhão e Piauí, além do Distrito Federal, que está totalmente localizado na área nuclear do Cerrado.

A explicação para a existência de savanas no meio da Floresta Amazônica está relacionada a alternâncias no clima ao longo dos últimos 17 mil anos, e estudos têm demonstrado que a composição das espécies difere entre a área nuclear do Cerrado e os encraves de savanas na Amazônia.

A partir dessas observações pode-se concluir que o Cerrado ocupa mais de **2 milhões de quilômetros qua-**

Espécie: conjunto de seres vivos com características muito semelhantes entre si que, ao se intercruzarem, são capazes de gerar descendentes férteis.

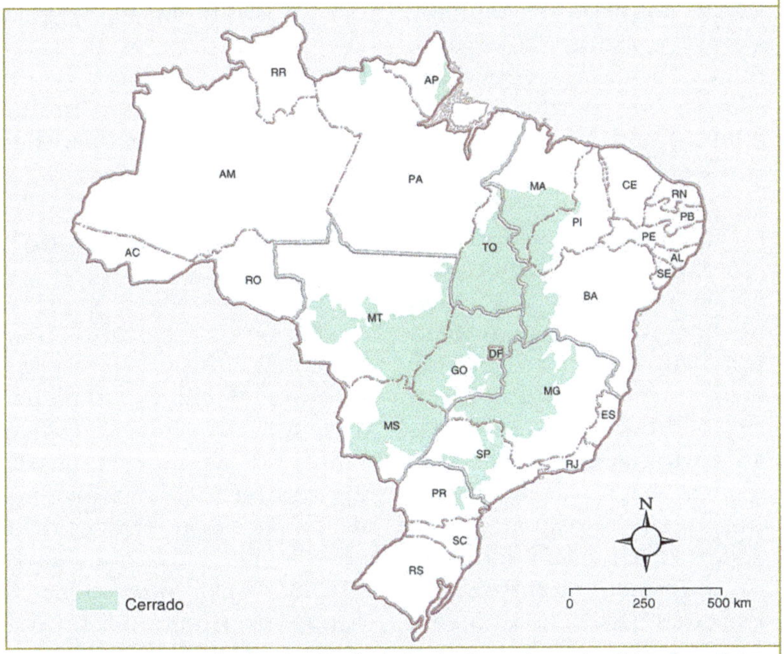

Mapa detalhado da distribuição do Cerrado no território brasileiro.
Fonte: Adaptado de Embrapa – Laboratório de Geoprocessamento Embrapa Recursos Genéticos e Biotecnologia.

Distribuição dos biomas brasileiros

drados, área correspondente a **22% do território nacional**, sendo, portanto, a segunda maior formação vegetal brasileira, que perde em área apenas para a Floresta Amazônica.

Sua localização na porção central da América do Sul resulta em importantes consequências para a região, pois faz fronteira com vários tipos de vegetação, ou melhor, sofre influência de cinco sub-regiões climáticas: ao norte está a Floresta Amazônica; ao nordeste, a Caatinga; ao sudeste, a Mata Atlântica; e ao sul e sudoeste, os pampas (Campos), o Pantanal e os Chacos, vegetação típica da Bolívia, Paraguai e do norte da Argentina. O Cerrado, portanto, apresenta diversas áreas de transição da sua vegetação típica para os tipos de vegetação adjacentes, o que faz com que existam muitas formações vegetais únicas ao longo de sua distribuição.

Cerrado, um mosaico de vegetação

O nome "cerrado" tem origem na língua espanhola e significa "fechado"; "relativo à vegetação densa". Entretanto, o Cerrado é, na verdade, composto por vários tipos de paisagens e vegetação, as chamadas fitofisionomias. Isso quer dizer que, além da paisagem típica de savana, existem também campos e florestas numa escala que engloba várias classificações para os tipos de vegetação observados. Especialistas apontam até vinte e três tipos de vegetação nessa região. Neste capítulo, porém, serão registrados apenas os mais comuns.

A ocorrência de vegetação diversificada está relacionada especialmente à variação nas características do solo, isto é, a inclinação do relevo, a profundidade do solo, a capacidade do terreno de reter água, e à maior ou menor quantidade de nutrientes, que, por sua vez, está relacionada à fertilidade do solo.

Os solos do Cerrado variam bastante em termos de drenagem, profundidade e disponibilidade de nutrientes. De modo geral, pode-se dizer que, do ponto de vista geológico, são antigos e, por isso, são geralmente profundos, bem drenados, ácidos, com elevados teores de alumínio e ferro, e de baixa fertilidade.

Os solos em relevo plano são frequentemente mais profundos, ao passo que em declividades acentuadas predominam solos pouco profundos. Na porção inferior da paisagem, isto é, nos vales, ocorrem solos hidromórficos, ou seja, solos que retêm grande quantidade de água. A variação dos tipos de solos está diretamente ligada à diversidade de vegetação nativa existente na região. Assim, solos muito rasos não possibilitam o desenvolvimento de árvores de grande porte, como também boa

Drenagem: capacidade do solo de reter água.
Fitofisionomia: os diferentes tipos de vegetação e paisagens que existem em um bioma.

parte das espécies de árvores e arbustos do Cerrado não se estabelece em solos alagados. Daí por que solos hidromórficos estão associados a campos úmidos, veredas e matas de galeria, que apresentam espécies de plantas diferentes das encontradas nas áreas de cerrado típico.

Esse mosaico, ou seja, a variedade de vegetação em uma área relativamente pequena, resulta em importantes consequências para a fauna, fazendo com que cada mancha de vegetação seja importante para a região como um todo.

A vegetação do Cerrado pode ser classificada em formações campestres, savânicas e florestais.

pesquise

Ao percorrer uma trilha em qualquer ambiente natural, verifique as mudanças na coloração (vermelha, amarela, branca, marrom, preta) e na textura (arenosa, argilosa, pedregosa) do solo ao longo do percurso. Tente relacionar essas mudanças com o tipo de vegetação observada.

Formações campestres

Dentre os tipos de campos encontrados no Cerrado destacam-se o *campo limpo*, o *campo sujo* e o *campo rupestre.*

Marcelo Bizerril

Campo limpo no Parque Nacional das Emas, em Goiás.

Marcelo Bizerril

Campo sujo no Parque Nacional das Emas, em Goiás.

O campo limpo é formado principalmente por vegetação herbácea, com poucos arbustos e nenhuma árvore, enquanto o campo sujo apresenta vegetação herbácea, mas também conta com a presença de arbustos esparsos.

Tanto um quanto o outro podem se apresentar na forma de campos secos ou úmidos, às vezes chamados de brejos, dependendo da profundidade do lençol freático. Em alguns casos, há a formação de pequenas elevações no relevo assemelhando-se a "ilhas" de vegetação mais densa distribuídas ao longo de um campo. Essas "ilhas" são denominadas *murunduns*, e a esse tipo de fisionomia dá-se o nome de *campo com murunduns.* Alguns autores chamam esse tipo de vegetação de "parque de cerrado".

O campo (e cerrado) rupestre é formado por uma vegetação de gramíneas, ervas e pequenos arbustos e está associado a afloramentos rochosos, isto é, grandes quantidades de rochedos, localizan-

Lençol freático: lençol d'água subterrâneo que se formou em profundidade relativamente pequena.

Marcelo Bizerril

Campo com murunduns na Reserva Xavante de Pimentel Barbosa, em Mato Grosso.

Marcelo Bizerril

Cerrado rupestre no Parque Nacional da Serra da Canastra, em Minas Gerais.

Marcelo Bizerril

Arnica

do-se principalmente em altitudes elevadas (acima de 900 metros), como é o caso da Chapada dos Veadeiros e da região de Pirenópolis, em Goiás, da Chapada dos Guimarães, em Mato Grosso, das Serras do Cipó e da Canastra, em Minas Gerais, e da Chapada Diamantina, na Bahia. Trata-se de uma fitofisionomia que apresenta muitos endemismos, isto é, muitas espécies raras, não só de flora, mas também de fauna, exclusivas de um determinado tipo de vegetação ou localidade. Um exemplo é a arnica, importante planta medicinal encontrada nesse tipo de vegetação. O Cerrado é tido como um bioma de alto grau de endemismo, pois possui inúmeras espécies de vegetais e animais encontrados apenas nessa região.

Formações savânicas

Nesta classificação encontram-se a vegetação de cerrado propriamente dita ou o chamado "cerrado sentido restrito" (do latim *stricto sensu*) e a vereda.

O cerrado *stricto sensu* é o cerrado típico constituído por árvores e arbustos espaçados, que não apresentam as suas copas se fechando, formando um dossel contínuo. As árvores e arbustos são separados por vegetação rasteira. A maior ou menor concentração de árvores e arbustos resulta em subclassificações, como *cerrado denso* e *campo cerrado* ou ainda *cerrado ralo*. As árvores são tipicamente baixas, inclinadas e tortuosas. Os troncos apresentam geralmente casca com grossa camada de cortiça, e muitas folhas são duras e com a textura que lembra o couro; por isso são chamadas coriáceas.

Estudos têm demonstrado que muitas árvores e arbustos do cerrado tendem a apresentar raízes muito profundas, atingindo vários metros abaixo da superfície do solo. Daí por que muitas dessas plantas

e ainda...

O termo "cerrado" apresenta ao menos dois usos principais que devem ser diferenciados: 1) quando se refere ao bioma do Brasil Central, escreve-se "Cerrado" com inicial maiúscula; 2) quando se refere a apenas um dos tipos fisionômicos da formação savânica, utiliza-se o termo "cerrado", com inicial minúscula, que é o mesmo que "cerrado típico" ou "cerrado sentido restrito" (*stricto sensu*).

Plantas medicinais: plantas que possuem um princípio ativo de valor medicinal.

Bioma: as regiões secas da Terra estão divididas em grandes áreas chamadas biomas, cada um com determinadas combinações de clima, geologia e grupos de organismos relativamente estáveis. Os dois fatores mais importantes que determinam os tipos de plantas e animais encontrados em cada um desses biomas são a temperatura e o regime de chuvas.

Dossel: camada de folhagem contínua de uma formação florestal, composta pelo conjunto das copas das árvores mais altas.

se mantêm verdes e produzindo folhas novas mesmo no auge da estação seca. De qualquer modo, nessa estação há uma redução da transpiração do conjunto de plantas de uma área de cerrado. Isto se dá por causa de ajustes na taxa de transpiração das plantas, pela perda das folhas ou, ainda, devido à presença de espessas camadas de cera sob as folhas, fato também relacionado à defesa contra herbívoros.

As plantas gramíneas e ervas sofrem mais durante a seca, ressecando e até perdendo a parte acima da superfície do solo. Mas bastam as primeiras chuvas para o cerrado voltar a se apresentar bastante verde novamente.

Herbívoros: animais que se alimentam exclusivamente de plantas.

Marcelo Bizerril

Aspectos do Cerrado na estação seca.

Marcelo Bizerril

Aspectos do Cerrado na estação chuvosa.

A vereda caracteriza-se pela presença do buriti (*Mauritia flexuosa*), uma palmeira que atinge de 12 a 15 metros de altura, que está distribuído em um campo úmido. As veredas são encontradas em solos permanentemente alagados, isto é, onde ocorre um afloramento do lençol freático, localizando-se frequentemente próximas às nascentes ou nas bordas de matas de galeria (que veremos a seguir), sendo, por esse motivo, um ambiente extremamente delicado e importante. Além disso, é um tipo de vegetação muito procurada pela fauna de um modo geral, especialmente por anfíbios, aves, como araras e papagaios, e mamíferos de grande porte, como antas, capivaras e veados.

Marcelo Bizerril

Denise Silva

Paisagens de vereda. Mudanças na disponibilidade de água na vereda podem possibilitar o aparecimento de outras espécies de plantas, modificando a paisagem, como mostra a foto tirada na Estação Ecológica de Águas Emendadas (à direita).

Formações florestais

As florestas da região dos cerrados apresentam-se principalmente na forma de *matas de galeria, matas ciliares, matas secas* e o *cerradão*.

As matas de galeria e as matas ciliares são associadas a cursos d'água. As principais diferenças são as seguintes: a mata ciliar acompanha rios de médio a grande porte, não forma "galerias" com as copas das árvores e apresenta muitas espécies que perdem as folhas durante a estação seca, chamadas espécies caducifólias. Já as matas de galeria acompanham os rios de pequeno porte e os córregos, formando corredores fechados de vegetação — as "galerias" —, sobre o curso d'água, com árvores entre 20 a 30 metros de altura. É vegetação que não perde folhas durante a estação seca.

Caducifólia: espécie de planta que perde as folhas em determinadas estações do ano.

Marcelo Bizerril

Mata de galeria

Haroldo Castro/Conservação Internacional

Mata ciliar

As matas de galeria têm um papel fundamental na manutenção dos mananciais hídricos, pois impedem o assoreamento dos rios, ou seja, o transporte de material orgânico e de terra feito pelas águas das chuvas e seu depósito no leito dos rios, tornando-os cada vez mais rasos, podendo até levá-los a secarem completamente. Também são fundamentais para a fauna porque oferecem abrigo durante a estação seca e durante incêndios florestais. Além disso, muitos autores consideram que a malha formada pelas matas de galeria na região Centro-Oeste do Brasil serve como ligação entre elementos da fauna e da flora, possibilitando o fluxo genético entre populações localizadas em regiões distantes.

As matas de galeria ainda podem se apresentar em duas formas: mata de galeria inundável e mata de galeria não inundável, dependendo da profundidade que o lençol freático apresenta em relação à superfície durante a maior parte do ano, ou seja, no primeiro caso, a mata é alagada na estação chuvosa, dificultando a locomoção em seu interior.

Um importante aspecto das matas é que, apesar de ocuparem apenas 5% da área total do Cerrado, abrigam mais de 30% das espécies vegetais do bioma.

A mata seca é uma formação florestal que não está associada a cursos d'água, mas, sim, a solos mais ricos em nutrientes. Um exemplo é a mata seca decídua, frequentemente associada a solos de origem calcária, sendo conhecida como mata calcária. As espécies nela encontradas são bem características, havendo matas secas sempre-verdes ou decíduas com espécies que perdem as folhas na época seca.

Manancial: qualquer corpo d'água superficial ou subterrâneo utilizado para abastecimento humano, industrial, animal ou para irrigação.

Assoreamento: processo pelo qual as águas da chuva levam para dentro dos rios, riachos e represas parte da terra que está sem proteção de cobertura vegetal. Esses cursos d'água ficam cada vez mais rasos, fazendo com que diminua a quantidade de água nas represas e propiciando maior ocorrência de inundações.

É um tipo de vegetação cada vez mais raro na região do Cerrado devido ao desmatamento descontrolado.

Carlos Bianchi

Mata seca na região de Terra Ronca, em Goiás.

O cerradão também não está associado a cursos d'água, mas se diferencia da mata seca por ser mais ralo e pela presença tanto de espécies que ocorrem também no cerrado *stricto sensu* quanto de espécies próprias de cerradão, como o aderno (*Emmotum nitens*). Em outras palavras, apesar de a formação ser parecida com uma floresta, a composição das espécies vegetais do cerradão é semelhante a um cerrado.

É preciso salientar que os tipos de vegetação do Cerrado encontram-se misturados, de tal forma que várias "manchas" de diferentes fitofisionomias formam um verdadeiro mosaico de vegetação. É comum encontrarmos vários tipos de vegetação descritos nesta seção em uma área relativamente pequena de Cerrado, ou, ainda, observarmos numa mesma paisagem campos, mata de galeria e o cerrado típico, por exemplo.

Marcelo Bizerril

Cerradão no Jardim Botânico de Brasília.

Dulce Rocha

Visto do alto, o Cerrado parece um mosaico de diferentes tipos de vegetação.

pesquise

Ao visitar uma área de Cerrado, não deixe de verificar as diferenças entre áreas de cerrado típico e matas de galeria, particularmente o clima e a composição das plantas (textura das folhas e do tronco, altura e formato das árvores). Procure desenvolver exercícios de percepção ambiental: desenhos das diferentes vegetações, fotografias de paisagens e outros instrumentos podem auxiliar na execução dessa pesquisa.

Vimos vários tipos de formações vegetais que existem no Cerrado. Mas podemos resumi-los nos mais comuns, que formam uma sequência de áreas mais abertas a fechadas, que são: campo limpo, campo sujo, cerrado típico, cerradão e mata de galeria.

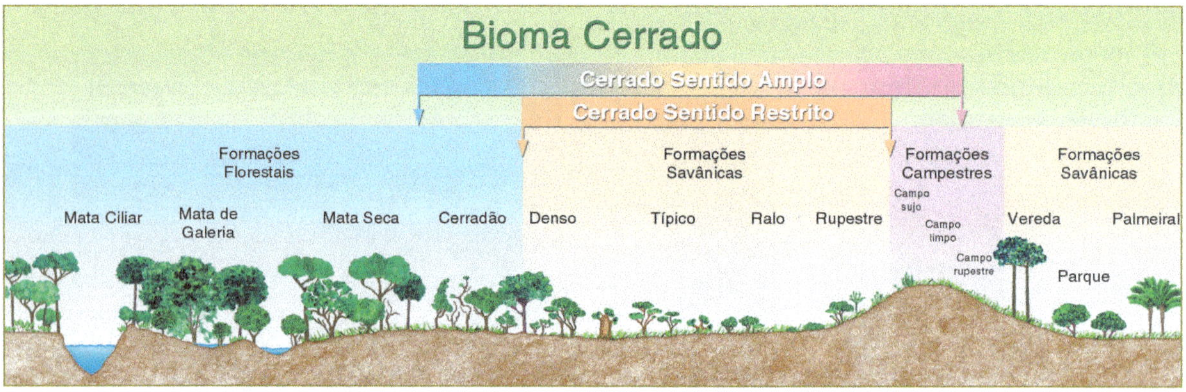

Esquemas das paisagens do Cerrado

Fonte: Adaptado de RIBEIRO, J. F.; WALTER. B. M. T. As matas de galeria no contexto do bioma Cerrado. In: RIBEIRO, J. F. et al. *Cerrado*: caracterização e recuperação de matas de galeria. Planaltina: Embrapa Cerrados, 2001, p. 29-47.

Marcelo Bizerril

O tronco do tamboril (*Enterolobium ellipticum*) apresenta grossa camada de cortiça.

Gema: estrutura das plantas responsável pela produção de novos ramos.

A relação do Cerrado com o fogo

Muitas plantas do Cerrado apresentam adaptações ao fogo. A capacidade de rebrota e a rápida recuperação da vegetação de uma área queimada são possíveis graças à presença de gemas protegidas e partes da planta, como caules e raízes, situadas no subsolo, permitindo, assim, a rebrota. As cascas grossas de cortiça de muitas árvores conferem resistência ao fogo, evitando que morram. Além disso, uma grande quantidade de sementes dormentes no solo iniciam o processo de germinação após a passagem do fogo, que retira a camada de gramíneas, permitindo que a luz do Sol as atinja. Outras sementes necessitam de calor intenso para germinar.

Assim, poucas semanas após uma queimada ter atingido uma área de cerrado, nota-se rebrota e floração mais intensas do que o observado em outros tipos de vegetação. Esse fato tem aspectos positivos, pois a perturbação causada pelo fogo possibilita o crescimento de espécies de plantas que normalmente não conseguem se estabelecer quando as gramíneas estão bem desenvolvidas. Herbívoros, como veados, que se alimentam de brotos, flores e folhas novas, são de certa forma beneficiados, pois o fogo aumenta a oferta desses itens. Outros estudos têm demonstrado que semanas após o fogo há aumento no número de insetos, particularmente formigas.

De fato, estudos comprovaram que a relação do Cerrado com o fogo é antiga, datando de mais de 30 mil anos, sendo causado pelo ser humano em muitos casos há pelo menos 11 mil anos. As evidências levam a

Marcelo Bizerril

Marcelo Bizerril

Área de cerrado recém-queimada e outra rebrotando, semanas após a passagem do fogo.

crer que o fogo natural, isto é, aquele provocado por raios na vegetação seca, ocorria no final da época seca e início da chuvosa, possibilitando a recuperação da vegetação após o fogo.

A maior parte do material combustível num incêndio no Cerrado diz respeito à vegetação rasteira, ou seja, às gramíneas secas. Folhas secas e galhos finos também queimam com facilidade, em contraposição ao material verde e troncos grossos, que resistem mais ao fogo.

A quantidade de material combustível e outros fatores como a umidade, a inclinação do terreno e o vento determinarão a intensidade do fogo. Dependendo da queimada, os efeitos do fogo podem ser relativamente pequenos para as árvores, ocasionando apenas a queda e secagem das folhas. Estudos em áreas de campo sujo sugerem que cerca de dois anos após uma queimada a vegetação se recupera a ponto de disponibilizar combustível para uma nova queimada em níveis semelhantes aos de antes da queimada inicial.

Os estudos sobre os efeitos do fogo no Cerrado ainda não permitem respostas para todas as perguntas que temos. Entretanto, o uso do fogo como aliado no manejo da vegetação parece ser menos prejudicial em formações vegetais abertas, como os campos. Isto porque, evitando-se o fogo a todo custo, pode-se atingir um determinado acúmulo de material combustível que inviabilize o controle de uma queimada imprevista. O Parque Nacional das Emas, em Goiás, é composto basicamente de formações abertas, campo sujo e campo limpo, e já sofreu queimadas incontroláveis que atingiram praticamente toda a sua extensão. A partir de 1997, foram feitos aceiros, e os focos de queimadas causados pelos raios foram permitidos. Desde então, o Parque tornou-se menos suscetível a grandes incêndios[1].

Aceiros: faixas de vegetação paralelas às estradas que são previamente queimadas para evitar que o fogo de um incêndio passe de um lado a outro da estrada.

para refletir e debater

Quem já viu uma queimada no Cerrado? O que a provocou? O que aconteceu com a vegetação após o fogo?

[1]Veja informações sobre o uso do fogo no capítulo "Os impactos".

e ainda...

Por que algumas plantas do Cerrado são tortas?

Muitas teorias foram formuladas para tentar explicar a origem desse tipo de vegetação, ou seja, quais os principais fatores que "moldaram" a vegetação do cerrado, especialmente quanto à tortuosidade, às cascas grossas e folhas com textura que lembram o couro. Apesar de tratar-se de um assunto ainda polêmico, existe uma tendência a considerar a importância de alguns fatores:

- clima: pela necessidade de as plantas evitarem a perda de água por transpiração, especialmente no período seco, apesar de estudos mostrarem que espécies que apresentam raízes profundas não sofrem restrição de água;
- o fogo: principalmente pelo seu uso frequente pelo ser humano;
- a deficiência nutricional do solo: a pobreza em nutrientes essenciais, ou seja, a baixa fertilidade, e o alto teor de alumínio;
- a atividade de outros agentes biológicos, com destaque para os insetos herbívoros.

Marcelo Bizerril

Marcelo Bizerril

Tortuosidade do tronco e folhas duras e coriáceas (como no bate-caixa da foto) são frequentes em plantas do Cerrado.

saiba mais

Sites

Biomas brasileiros

Ministério do Meio Ambiente: www.mma.gov.br

World Wildlife Foundation – WWF: www.wwf.org.br

Cavernas do Brasil

Sociedade Brasileira de Espeleologia: www.sbe.com.br/cavernas.asp

Reserva Ecológica do Roncador

IBGE: http://www.recor.org.br

Para ler

CAMPOS, Heraldo. O Guarani das águas e dos índios. *Ciência Hoje*, São Paulo, v. 32, n. 190, p. 62-63, 2003.

FRANÇA, H.; SETZER, A. A história do fogo no Parque das Emas. *Ciência Hoje*, São Paulo, v. 26, n. 153, p. 69-73, 1999.

FREITAS, H. A. et al. Florestas × savanas no passado da Amazônia. *Ciência Hoje*, São Paulo, v. 32, n. 189, p. 40-46

A biodiversidade

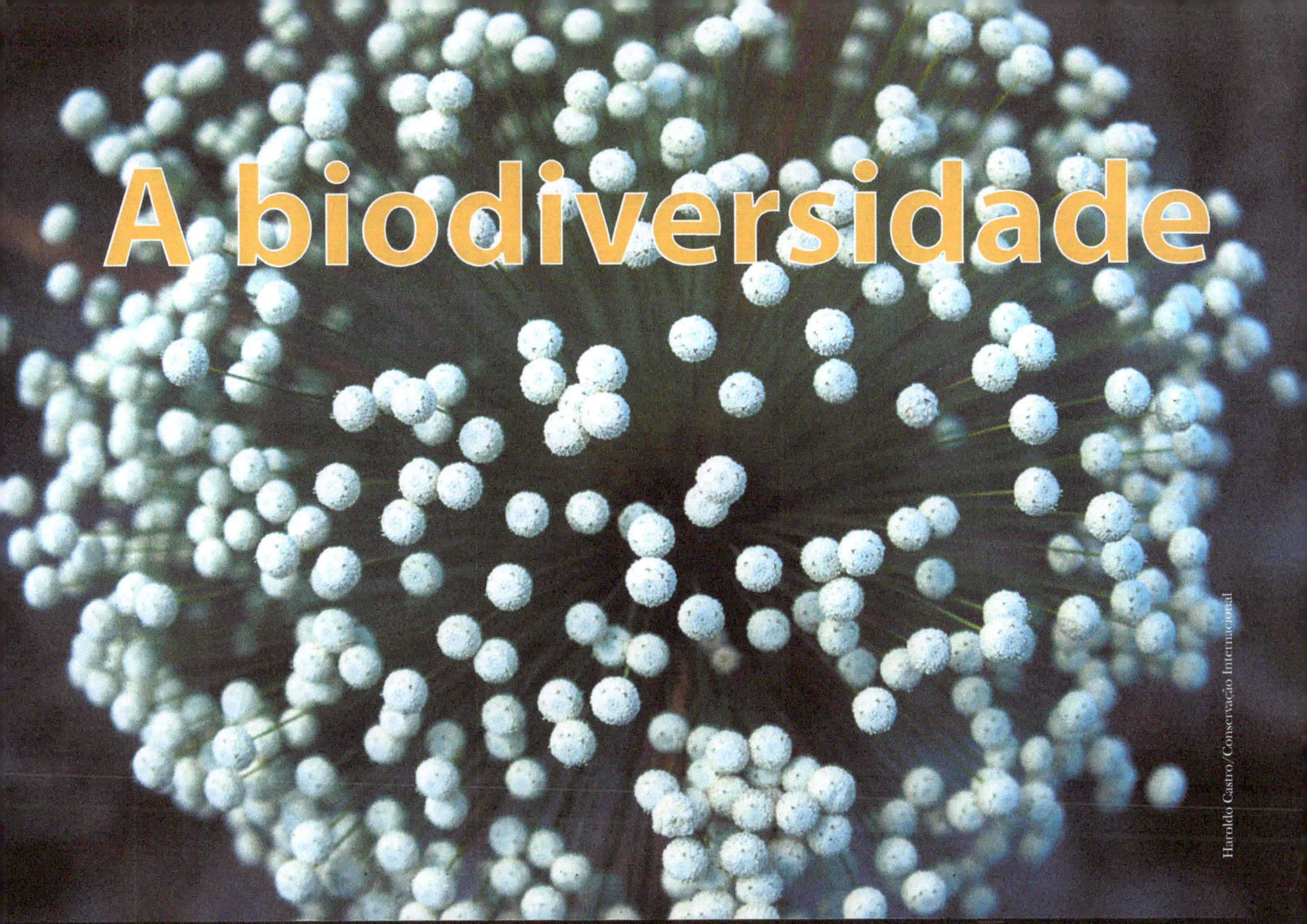

Haroldo Castro/Conservação Internacional

Haroldo Palo Jr.

Biodiversidade e extinção

Mais do que o número de espécies animais, vegetais e de micro-organismos, o conceito de biodiversidade envolve não só a diversidade de ambientes ou *habitats* onde esses organismos existem, como também a incrível multiplicidade de interações entre as espécies no ambiente onde ocorrem. Portanto, quando falamos genericamente em *biodiversidade*, estamos nos referindo tanto à *variedade de espécies, de ambientes e de interações, quanto à variedade genética existente em cada espécie.*

O Brasil é um dos maiores detentores de diversidade biológica do planeta, abrigando cerca de 20% do número total de espécies do mundo. É bom lembrar que quase não usamos a biodiversidade existente e que ela é nossa maior riqueza.

Na agricultura, apenas vinte espécies de plantas proveem mais de 80% da alimentação mundial. Você já parou para pensar quantas espécies do Cerrado poderiam ser usadas como alimento pelos humanos?

para refletir e debater

Que tal tentar listar o número máximo de plantas que usamos como alimento? Depois, selecione nessa lista as espécies nativas do Brasil. Quanto representam da lista total? Agora, identifique as espécies nativas do Cerrado. O que se pode concluir?

Atualmente, mais de 40% dos medicamentos vendidos nos EUA contêm químicos orgânicos derivados de espécies silvestres. O valor desses produtos chega a quase 40 bilhões de dólares por ano. No Brasil, mais de cem espécies são empregadas na cura ou prevenção de doenças somente na região dos cerrados. Uma dessas plantas, a faveira ou fava-d'anta (*Dimorphandra mollis*), é fonte de uma substância chamada rutina, amplamente empregada na indústria farmacêutica. Multinacionais exploram metade da rutina mundial a partir da coleta de frutos da faveira feita de modo extrativista pela população do interior do Brasil, movimentando milhões de dólares! Quantas outras espécies podem conter poderosos efeitos curativos não conhecidos por nós e quanto conhecimento ainda é restrito a poucas pessoas, especialmente populações tradicionais, e vem sendo perdido devido à desvalorização de suas culturas?

Estimativas indicam que o valor da biodiversidade brasileira atinge mais de 2 trilhões de dólares, sendo 500 bilhões só na região do Cerrado.

Na indústria, madeira, celulose e borracha são apenas alguns exemplos de produtos biológicos de extrema importância para o funcionamento da economia mundial

Extinção: desaparecimento de uma espécie de uma região ou biota. A extinção pode ser um processo natural ou provocado pela ação do ser humano.

Biodiversidade, diversidade genética: é a variedade de organismos vivos de todas as origens e os complexos ecológicos de que dela fazem parte. Já a diversidade genética é a variação na composição genética entre os indivíduos da mesma espécie e entre espécies.

***Habitat*:** lugar onde um organismo vive, proporcionando-lhe o necessário para que a espécie sobreviva, tal como luz solar, alimento e água suficientes, temperatura adequada etc.

Espécies nativas: espécies originárias da área geográfica na qual estão presentes.

Marcelo Bizerril

Marcelo Bizerril

Faveira: detalhe do fruto e aspecto da planta.

na atualidade. Podem ser citadas também as plantas têxteis, corticeiras e produtoras de resinas, óleos e gorduras.

Apesar dos motivos práticos que justificam a conservação da biodiversidade, as questões de ordem ética e moral devem receber atenção especial. Observar, admirar, fotografar, colecionar ou estar cercado por seres vivos é uma necessidade e um direito de todo ser humano. Não devemos dar pouca importância ao fato de muitas pessoas considerarem moralmente errado causar ou mesmo permitir a morte de organismos e a destruição ou extinção de espécies.

Inúmeros são os problemas que a humanidade deverá enfrentar a cada espécie extinta prematuramente por ações irresponsáveis. Para citar apenas alguns:

- perda de usos futuros múltiplos nos campos da medicina, alimentação, indústria, estética etc.;
- problemas associados à perda do equilíbrio ecossistêmico, como redução da oferta de alimento, surgimento de pragas, alterações microclimáticas;
- negação aos direitos das gerações futuras de optar ou não pelos diversos usos do patrimônio biológico, bem como ao direito de conhecer, observar e estudar inúmeras espécies animais e vegetais;
- queda da qualidade de vida em consequência dos fatos acima descritos.

Some-se a esses fatos a ameaça de, já no ano de 2100, 50% dos animais e plantas hoje existentes estarem a caminho da extinção, que poderá ser a maior e mais rápida da história de vida na Terra.

A beleza e a utilidade da flora do Cerrado

A flora do Cerrado ainda é pouco conhecida. Estima-se que possa alcançar entre 10 mil espécies de plantas vasculares.

Apenas na Estação Ecológica de Águas Emendadas, área protegida de 10 mil hectares situada no Distrito Federal, foram encontradas 585 espécies. Segundo lista publicada pelos pesquisadores da Embrapa — Empresa Brasileira de Pesquisa Agropecuária, existem no Cerrado cerca de 6.429 espécies vegetais, sendo 267 pteridófitas (plantas que não possuem flores, como as samambaias), 2 gimnospermas (plantas que produzem sementes, mas não frutos) e 6.060 angiospermas (plantas que produzem flores e frutos). O número de gêneros de plantas com flores, ou seja, 1.093, corresponde a um quarto do total estimado para a América do Sul.

Essa grande riqueza da flora do Cerrado se deve à grande variedade de paisagens e tipos de vegetação, descritos no capítulo anterior. Destaca-se a contribuição das matas para a biodiversidade do Cerrado como um todo, considerando que ocupam pequena área quando comparadas com as savanas e campos.

Apesar dessa riqueza, a flora do Cerrado é comumente desprezada pela maioria da população, que tende a considerá-la pobre e desprovida de beleza e utilidade. Nota-se, entretanto, que isso é um reflexo da falta de conhecimento das potencialidades da vegetação, resultante da ausência de contato, especialmente do habitante urbano, com a paisagem natural. Uma observação mais detalhada demonstra o quão bela é a vegetação do Cerrado, bem como as diferentes maneiras de ser utilizada de modo sustentado, ou seja, responsável, conciliando as necessidades econômicas com a conservação da natureza.

Dentre as várias espécies de uso já conhecido popularmente e pela ciência, eis alguns exemplos:

- *frutos comestíveis*: o buriti, o pequi, a cagaita, o jatobá, o bacupari, o araticum, o caju-do-cerrado, o baru, o araçá, o murici, a mamacadela, a pera-do-cerrado e mais de 80 outras espécies. Muitos animais do Cerrado baseiam sua dieta nesses e em outros frutos silvestres;

Espécies corticeiras: árvores de cujos caules se extrai a cortiça, utilizada para a fabricação, por exemplo, de rolhas.

Equilíbrio ecossistêmico: estabilidade dos processos naturais de um ecossistema.

Microclima: clima detalhado de uma área muito pequena da superfície terrestre. Por exemplo: campo cultivado, interior de florestas etc.

Plantas vasculares: vegetais que possuem vasos condutores para condução de seiva. Abrangem uma grande variedade de formas, desde plantas herbáceas até árvores de grande porte, mas excluem as algas e musgos.

Desenvolvimento sustentável, uso sustentável, sustentabilidade: processo de desenvolvimento econômico que visa a utilização racional dos recursos naturais, atendendo à demanda atual e preservando sua existência e capacidade de renovação natural para atender às necessidades das gerações futuras.

- *espécies forrageiras*: a lobeira, o barbatimão, o amendoim-bravo e várias espécies de gramíneas, como o capim-flechinha e outros;
- *espécies corticeiras*: o mulungu, o pau-santo, o tamboril, a gomeira, entre outros;
- *fonte de madeira*: a sucupira-branca, a sucupira-preta, o carvoeiro, o pau-rosa, o vinhático, o angico, o jequitibá, o jacarandá-do-cerrado etc.;
- *uso medicinal*: o assa-peixe, a arnica, a macela, a copaíba, o bálsamo, o barbatimão, o paratudo, a sucupira, a faveira e muitos outros;
- *espécies ornamentais*: muitas plantas do Cerrado produzem flores belíssimas, com destaque para a quaresmeira, o pequi, a canela-de-ema, a palipalan ou sempre-viva, os ipês, a ciganinha e inúmeras espécies de orquídeas. Outras impressionam pelo seu porte e arquitetura, como a gomeira, o imbiruçu, a sucupira-branca, o mandiocão, o carvoeiro, a copaíba, o pau-terra e o buriti.

pesquise

Verifique com seus familiares quantas e quais plantas nativas do Cerrado eles conhecem. Quais as mais famosas?

Investigue se alguém na sua comunidade tem conhecimento sobre usos das plantas nativas. Se houver, convide a pessoa para fazer uma palestra.

Quantos e quais produtos do Cerrado se encontram à venda dentre os hortifrutigranjeiros em uma mercearia?

Por que os produtos do Cerrado são encontrados mais facilmente em feiras e são comercializados por vendedores ambulantes?

As plantas do Cerrado também podem ser utilizadas de outras formas, como na produção de corantes, resinas, óleos e aromas, nas indústrias química e têxtil, na produção de mel (plantas apícolas) e no artesanato. Certamente há muitas outras possibilidades de uso ainda não conhecidas pelo ser humano, e podem nem vir a ser devido ao desmatamento acentuado, que ocasiona a extinção de espécies antes mesmo de serem identificadas pela ciência. Atualmente, já existem publicações específicas sobre o uso de espécies vegetais e sobre receitas para o aproveitamento alimentar dos frutos do Cerrado.[2]

Nas próximas páginas vamos falar de algumas das espécies mais famosas do Cerrado, pelo seu uso, beleza ou fácil ocorrência.

Espécies forrageiras, forrageiras herbáceas: tipos específicos de plantas que têm a qualidade de revestir o local no qual se encontram, sendo fonte de alimentação para animais pastadores. Um exemplo são as gramíneas.

Marcelo Bizerril

Marcelo Bizerril

O *pequi* talvez seja a planta mais famosa do Cerrado. Além de sua conhecida utilização na culinária, é uma árvore belíssima, e suas flores e frutos são importantes fontes alimentares para os animais do Cerrado.

[2] Apesar dos muitos usos das plantas do Cerrado, a exploração descontrolada pode gerar sérios impactos. Esses aspectos serão discutidos no capítulo "Os impactos".

Marcelo Bizerril

O *buriti* é uma palmeira largamente utilizada. Dos frutos são feitos doces e licores, e suas folhas são matéria-prima para artesanatos e até coberturas de moradias. Além disso, do caule extrai-se palmito, e o óleo da polpa do fruto pode ser usado na produção de sabão e de doce de buriti, além de ter propriedades medicinais como vermífugo, energético e cicatrizante. Ocorre sempre próximo a água e é abrigo e fonte de alimento para muitos animais, especialmente araras e papagaios.

Marcelo Bizerril

A *quaresmeira* é uma bela flor do Cerrado, frequentemente usada na arborização das cidades. Floresce de janeiro a junho. Dezenas de espécies de quaresmeiras foram catalogadas apenas na região da Serra da Canastra, em Minas Gerais.

Haroldo Castro/Conservação Internacional

A *ciganinha* é a flor típica do Cerrado. Pode ser vista nas cores branca, rosa e vermelha. Floresce durante a estação seca e ocorre mesmo em áreas muito degradadas do Cerrado, sendo realmente um símbolo da luta contra a destruição do bioma.

Dulce Rocha

Dulce Rocha

A *sucupira-branca* é uma das mais belas árvores do Cerrado. Além da incrível floração, seus frutos têm propriedades medicinais, combatendo dores na garganta, sinusite e cólicas intestinais. Assim como o pequi, o buriti, a gomeira e outras, é uma árvore que não pode ser cortada segundo a legislação do Distrito Federal.

Marcelo Bizerril

A *gomeira*, também chamada pau-d'água ou vinheiro, é uma das árvores mais típicas do Cerrado. Ao contrário da maioria das árvores da região, pode passar de 15 metros de altura, destacando-se na paisagem. Quando arranhado, o caule libera uma resina que forma uma goma muito apreciada pelos micos-estrela.

Dulce Rocha

Marcelo Bizerril

Além de ornamental, o *paratudo* é uma importante planta medicinal. O chá da raiz e da flor é usado para febre, asma, bronquite e até picada de cobra.

Dulce Rocha

A *cagaita* produz, entre setembro e outubro, um fruto muito saboroso, consumido puro ou em geleias, compotas, sorvetes e licores. Porém, tem ação disentérica se ingerido em excesso. Curiosamente, o chá da folha é usado como antidisentérico por comunidades em Minas Gerais.

Marcelo Bizerril

O *guatambu* ou peroba é um exemplo de planta que produz frutos secos, ou seja, que não possuem polpa comestível. O Cerrado apresenta muitas espécies com frutos secos, cujas sementes são normalmente produzidas na estação seca, quando são levadas pelo vento, colonizando novas áreas. Após liberarem as sementes, os frutos secos podem ser aproveitados no artesanato.

Marcelo Bizerril

Dulce Rocha

As *cabelas-de-ema* são belos arbustos do Cerrado. Mais comumente encontradas em áreas abertas, produzem belíssimas flores de cor roxa e frutos secos.

e ainda...

Frutos do Cerrado — sabor e saúde!

Você sabia que a castanha do baru tem mais gordura que a soja e o feijão-amarelo, mais proteína que a castanha-do-pará, mais cálcio que a castanha-de-caju e também alto teor de fósforo e ferro?

Já o pequi também é famoso na culinária, quando é consumido com arroz, feijão, galinha e batido com leite e açúcar. Mas o fruto também tem uso medicinal como tonificante, antitumoral e cosmético, e a árvore é importante fonte de madeira, tinturas e óleos. Entretanto, é a beleza da árvore e de suas flores que a faz importante planta ornamental.

Da polpa do fruto do jatobá (na foto) obtém-se uma farinha adocicada que, além de ser consumida diretamente ou na forma de mingau, pode também ser usada em muitas receitas de pães, bolos, tortas e biscoitos. A casca e a resina da entrecasca são também largamente utilizadas com fins medicinais para problemas respiratórios e intestinais.

Para saber mais sobre alguns dos frutos do Cerrado como o pequi, o buriti e a cagaita, acesse o site: www.cerratinga.org.br/safra-frutas-cerrado.

Marcelo Bizerril

Fruto do jatobá

saiba mais

Para ler

ALMEIDA, S. P. et al. *Cerrado*: espécies vegetais úteis. Planaltina: Embrapa — CPAC, 1998.

______. *Cerrado*: aproveitamento alimentar. Planaltina: Embrapa — CPAC, 1998.

CEMIG. *Guia ilustrado das plantas do Cerrado de Minas Gerais*. Belo Horizonte: Editare, 2003.

FAUTH, G. A ameaçadora volta das extinções em massa. *Ciência Hoje*, São Paulo, v. 31, n. 184, p. 78-79, 2002.

GOMES, L. J.; GOMES, M. A. O. Extrativismo e biodiversidade: o caso da fava-d'anta. *Ciência Hoje*, São Paulo, v. 27, n. 161, p. 66-69, 2000.

PROENÇA, C.; OLIVEIRA, R. S.; SILVA, A. P. *Flores e frutos do Cerrado*. Brasília: Editora UnB; São Paulo: Imesp, 2000.

RODRIGUES, Valéria Evangelista Gomes; CARVALHO, Douglas Antônio de. *Plantas medicinais no domínio dos cerrados*. Lavras: Editora UFLA, 2001.

SILVA, S. R. *Plantas do Cerrado utilizadas pelas comunidades da região do Grande Sertão Veredas*. Brasília: Fundação Pró-Natureza — Funatura, 1998.

A fauna do Cerrado

Desde muito cedo, as crianças começam a ter os primeiros contatos com os animais silvestres, principalmente através de desenhos animados e histórias infantis. Ocorre que a esmagadora maioria dos desenhos e das histórias aos quais os brasileiros têm acesso foi concebida em países europeus e da América do Norte. Por isso, passamos a conhecer muito bem os animais de todo o resto do mundo (ditos *exóticos*), especialmente os africanos (como o elefante, o leão, a zebra, a girafa, o leopardo, o rinoceronte...), asiáticos (como o tigre e o urso panda), norte-americanos (o urso, o alce e o lobo) e até australianos (o canguru e o coala), e, entretanto, praticamente ignoramos a fauna brasileira.

Onde estão o tamanduá, o tatu, o lobo-guará, a anta, o tucano, a arara, o mico, a ema, a onça e toda uma infinidade de espécies que ocorrem apenas no território brasileiro, mas que são quase totalmente desconhecidas pela população local?

para refletir e debater

Alguns livros didáticos mais antigos classificavam os animais como "úteis" ou "nocivos". Que consequências esse tipo de classificação pode trazer para a relação das crianças e futuros adultos com os animais? Os animais devem mesmo ser encarados pelo ser humano como úteis ou nocivos?

O Brasil é o país de maior diversidade biológica do mundo! Todo o planeta está com os olhos voltados para a exuberância da vida no Brasil; no entanto, o povo brasileiro tem sido pouco estimulado a se interessar pelas espécies locais.

Devido à localização do bioma Cerrado em posição central da América do Sul e, consequentemente, com a existência de diferentes áreas de transição entre ele e outros tipos de vegetação, sua fauna é composta por um número grande de espécies. Porém, muitas delas não são exclusivas ou endêmicas do Cerrado, ocorrendo também em outros tipos de vegetação, como na Mata Atlântica, na Floresta Amazônica, no Pantanal, no Chaco e nos Campos do Sul do país.

Apesar de boa porção das espécies da fauna do Cerrado não ter sua distribuição restrita a este bioma, encontra ali importantes áreas de refúgio. Isso ocorre porque grande parte dessas espécies já foi localmente extinta em outras áreas da sua distribuição original devido à destruição da vegetação, especialmente nas regiões litorâneas e no Sul do país. Dessa forma, uma parcela desses animais apresenta atualmente populações viáveis apenas na região dos cerrados.

Dentre os animais ali encontrados estão os maiores animais terrestres da América do Sul, como a anta, a onça-pintada, a suçuarana, o lobo-guará, o tamanduá-bandeira, a ema, o veado-campeiro, os porcos-do-mato, a capivara e a sucuri.

Já em relação aos invertebrados, estima-se a existên-

cia de 67 mil espécies, o equivalente a 20% de todos os invertebrados do Brasil. Ocorrem no Cerrado 20% das espécies de abelhas e formigas do Brasil, e mais de 50% das de borboletas e mariposas, sendo cerca de mil espécies de borboletas e 10 mil de mariposas. Muitos outros tipos de insetos são endêmicos ao Cerrado.

A tabela a seguir dá uma ideia da riqueza de animais da região.

Número conhecido de espécies de animais vertebrados na região do Cerrado

Grupo	Número de espécies	Porcentagens do total no país	Número de espécies endêmicas	Número de espécies ameaçadas
Mamíferos	215	40%	18	16
Aves	837	50%	29	33
Répteis	180	38%	20	15
Anfíbios	150	29%	32	3
Peixes	1.200	45%	?	?

Uma outra questão interessante é a importância da variedade de vegetação do Cerrado na diversidade de espécies animais. Aparentemente, o mosaico de vegetação envolvendo campos, cerrados, veredas e matas de galeria possibilita a ocorrência de um vasto número de espécies animais em áreas não muito grandes. Isso é particularmente verdade para os animais pequenos, porque essa especialização dos animais em certos *habitats* faz com que algumas espécies ocorram num trecho de cerrado, mas estejam ausentes na mata de galeria ou no campo limpo adjacentes e vice-versa.

Outros animais maiores (como veados, anta, lobo-guará, onças), que, por sua vez, utilizam áreas maiores para suas atividades diárias, podem se valer de diversos tipos de vegetação em épocas diferentes do ano ou do dia, ou, ainda, utilizar alguns tipos de vegetação em situações eventuais, como, por exemplo, abrigando-se em matas de galeria durante incêndios florestais.

A seguir trataremos de aspectos da biologia de algumas importantes espécies animais do Cerrado.

Marcelo Bizerril

Marcelo Bizerril

A *anta* é o maior mamífero da América do Sul, pesando cerca de 300 quilos. É um animal solitário, mas a fêmea pode ser vista na companhia de sua cria (rajada de branco) durante os primeiros anos de vida. A gestação dura quase um ano, e a anta tem apenas um filhote de cada vez. Inofensiva, alimenta-se de folhas e frutos. Quando assustada, foge em disparada derrubando o que estiver pela frente. Tem hábitos noturnos e normalmente percorre a mesma trilha, o que facilita ser encontrada por caçadores.

O *lobo-guará* é um dos animais mais típicos do Cerrado. A cor laranja-avermelhada e o porte elegante fazem dele um dos animais brasileiros mais bonitos. Apesar do porte imponente, é muito tímido e inofensivo aos seres humanos, mantendo sempre uma certa distância de nós. É solitário e alimenta-se especialmente de vários tipos de frutos, como a lobeira e o araticum, e de pequenos animais, como insetos, roedores, tatus e perdizes. A lobeira ou fruta-do-lobo (*Solanum lycocarpum*) recebe esse nome justamente por ser um fruto bastante consumido pelo lobo-guará. Ele utiliza suas fezes e o odor de sua urina como sinais para informar sua presença a outros animais, delimitando, assim, o território "dele". É bastante ativo, percorrendo longas distâncias em áreas abertas especialmente durante a noite. Infelizmente é um animal ameaçado de extinção. Durante suas longas caminhadas noturnas, comumente atravessam rodovias, onde, com frequência, são atropelados e mortos. Como as áreas protegidas são pequenas, o lobo-guará sai em busca de alimento em outros locais, chegando a eventualmente predar criações domésticas, como galinhas, sendo, por isso, perseguido pelos criadores dessas aves. Contudo, estudos recentes demonstram que o consumo de galinhas por lobos é muito reduzido. Outros animais da mesma família do lobo (canídeos) são o cachorro-do-mato, a raposa-do-campo e o cachorro-vinagre.

O *tamanduá-mirim* (à esquerda) e o *tamanduá-bandeira* (à direita) são animais que não possuem dentes, mas um crânio alongado com uma língua também bastante longa e pegajosa utilizada na captura de suas presas principais: os cupins e as formigas. São lentos e solitários. Possuem a garra do terceiro dedo bastante desenvolvida, pois a utilizam não só para abrir cupinzeiros e formigueiros, mas também para a defesa. Quando ameaçados, os tamanduás se levantam apoiando-se nas patas traseiras e abrem os braços, porque, se forem atacados, sua única defesa é dar o famoso "abraço de tamanduá", cravando as garras no animal que o ataca. O tamanduá-bandeira é maior e apresenta uma cauda bastante peluda com a qual se cobre ao dormir, ficando "camuflado" no ambiente. Já o tamanduá-mirim é bem menor, sendo também chamado meleta ou tamanduá-de-colete devido à cor de sua pelagem, pois parece que está de fato vestindo um colete preto. Sua cauda é forte e musculosa e o ajuda a subir em árvores, onde fica boa parte do tempo. Muitas pessoas fazem confusão pensando que o tamanduá-mirim é um filhote do tamanduá-bandeira, mas na verdade são animais de espécies diferentes. Ambos têm o hábito de carregar seus filhotes nas costas enquanto estes ainda são pequenos.

Marcelo Bizerril

Haroldo Palo Jr.

Os *tatus* são mamíferos bastante populares, adaptados para a vida embaixo da terra. Apresentam unhas fortes para a escavação das tocas, onde passam boa parte do tempo, e um corpo compacto recoberto por placas ou cintas. Alimentam-se especialmente de insetos, como cupins e formigas, podendo também comer frutos, raízes e outros animais (minhocas, lesmas e, eventualmente, carniça). Existem oito espécies de tatus no Cerrado. Os tatus-galinha (à direita) e tatupeba (à esquerda) são bastante caçados por causa de sua carne. O impressionante tatu-canastra é o maior deles, chegando a pesar mais de 30 quilos. Juntamente com o tatu-bola (encontrado na região Nordeste), integra o grupo dos tatus mais ameaçados de extinção.

Marcelo Bizerril

Haroldo Palo Jr.

Existem cerca de sete espécies de felinos no Cerrado. O *gato-do-mato-pequeno* (à esquerda), como o próprio nome diz, é o menor, e a *onça-pintada* (à direita) é o maior felino das Américas. A onça é cada vez mais rara na região do Cerrado devido à destruição da vegetação. As áreas protegidas são pequenas e não comportam populações viáveis de onças, que acabam saindo das reservas em busca de presas, geralmente o gado. Quando isso acontece, são caçadas pelos fazendeiros. Fato semelhante vem ocorrendo com a onça-parda (também conhecida por suçuarana), que é menor que a pintada e apresenta um pelo marrom-avermelhado uniforme. É um animal muito ágil e veloz, além de apresentar uma beleza indiscutível. Infelizmente, ambas estão ameaçadas de extinção.

Haroldo Palo Jr.

Os principais veados encontrados na região dos cerrados são: o *veado-campeiro* (foto), o veado-mateiro, o veado-catingueiro e, mais raramente, o cervo-do-pantanal, que, como o nome indica, é mais encontrado no Pantanal. Dentre os três primeiros, o campeiro (ou galheiro) é o maior e o mais ameaçado de extinção. Habita áreas mais abertas de cerrado, especialmente os campos. Possui um círculo branco ao redor dos olhos e apresenta também a parte interna das coxas e a parte inferior da cauda brancas, exibindo-as durante sua fuga de algum perigo. Pode ser observado sozinho ou em grupos com até mais de vinte deles. Alimenta-se de partes mais tenras das plantas, como botões florais, flores e folhas novas. Apenas os machos possuem chifres. Todos os anos seus chifres caem e novos voltam a crescer. O veado-campeiro apresenta chifres ramificados (usualmente com três pontas), e o catingueiro e o mateiro apresentam chifres simples (com uma única ponta).

Marcelo Bizerril

Marcelo Bizerril

Os *macacos* são mais raros no Cerrado quando o comparamos com regiões de floresta fechada, como a Floresta Amazônica. Os principais macacos encontrados no Cerrado são os saguis (ou micos-estrela, ou, ainda, soim), os macacos-prego e os bugios. Os *saguis* (à esquerda) que ocorrem no Cerrado apresentam um tufo de pelos pretos perto das orelhas, vivem em grupos familiares que variam de três a muitos indivíduos e podem ocorrer tanto em florestas como em áreas de Cerrado fechado. Os macacos-prego são animais extremamente inteligentes que produzem uma série de sons e expressões faciais intrigantes. Os *bugios* ou *guaribas* (à direita) vivem em grupos familiares e produzem fortes sons roucos que podem ser ouvidos a grandes distâncias. Os bugios que ocorrem no Cerrado (*Allouata caraya*) são pretos (no caso dos machos) e amarelados (no caso das fêmeas e dos filhotes). Bugios e macacos-prego ocorrem especialmente em regiões de matas de galeria.

Marcelo Bizerril

Haroldo Palo Jr.

A *ema* (à esquerda) é a maior ave do continente americano. Incapaz de voar, vive normalmente em grupos capturando seus alimentos (pequenos animais, frutos e folhas) no chão. Curiosamente, é o macho quem cuida do ninho, chocando os ovos e cuidando dos filhotes nos estágios iniciais de desenvolvimento. Já a *seriema* (à direita), apesar de bem menor, é uma das aves mais vistosas e típicas do Cerrado. Seu canto pode ser ouvido a grande distância. É frequentemente observada em estradas de terra que cortam a vegetação de cerrado. Nessa ocasião, pode atingir velocidades de até 60 km/h antes de alçar voo. Alimenta-se de insetos, roedores, lagartos e até de cobras.

Flávio Rodrigues

Gaviões, falcões e *águias* são aves bem típicas do Cerrado. Alimentam-se de outras aves, insetos, roedores, lagartos, sapos e cobras. As espécies mais conhecidas são o carcará (na foto), o gavião-fumaça, o gavião casaca-de-couro (ou gavião-caboclo), o gavião-carrapateiro, o gavião-carijó, o gavião-peneira, o falcão-de-coleira e o falcão-quiriquiri.

Haroldo Palo Jr.

Araras e *papagaios* são aves bastante típicas do Cerrado, especialmente nas regiões de veredas, pois apreciam muito a palmeira buriti, utilizando os frutos na alimentação, as folhas para pouso e os troncos ocos para a construção dos ninhos. Apresentam um colorido vistoso em tons verde, amarelo, azul e vermelho. As espécies mais comuns são a arara-canindé (na foto), o periquito-de-encontros-amarelos, a maritaca, o papagaio-verdadeiro e o papagaio-galego. A captura indiscriminada dessas aves para o comércio ilegal e para servirem como animais de estimação, bem como a destruição da vegetação do Cerrado têm reduzido as populações de muitas espécies a níveis preocupantes. A arara-azul-grande é um exemplo de ave desse grupo ameaçada de extinção.

Elizabeth Costa

Marcelo Bizerril

Esta *perereca* (do gênero *Hyla*) é um dos anfíbios mais comuns do Cerrado. Já o *teiú* (à direita) é o maior dentre as cinquenta espécies de lagartos que ocorrem na região.

Flávio Rodrigues

Elizabeth Costa

Dentre as mais de cem espécies de *cobras* descritas para a região, a *urutu-cruzeiro* (à esquerda) é uma das mais belas e perigosas, e a *cascavel* (à direita) é uma das mais comuns. Contudo, grande parte das serpentes não oferece perigo ao ser humano.

Flávio Rodrigues

A fauna de invertebrados é ainda pouco conhecida, mas estima-se um grande número de espécies endêmicas. Lagartas (*borboletas e mariposas*) têm sido muito estudadas por causa de seu papel como herbívoras e sua importância como modelos para estudos de Ecologia. *Cupins* são também um grupo importantíssimo para os ecossistemas do Cerrado pelo seu papel na cadeia alimentar como decompositores e base da dieta de vários animais. Os cupinzeiros são locais de acúmulo de matéria orgânica e servem como abrigo para muitas outras espécies animais.

Marcelo Bizerril

Os moluscos são bem representados, especialmente nos ambientes aquáticos do Cerrado. Contudo, existem também espécies terrestres de grandes caramujos, como este do gênero *Megalobulinus*.

pesquise

Quais espécies de aves podem ser vistas no local onde você mora? Indique as causas da presença ou ausência de aves nativas.

e ainda...

A riqueza da fauna do Cerrado

Embora ainda sejam necessários vários estudos, muito já se sabe sobre a composição da fauna de anfíbios e répteis do Cerrado. Como exemplo, em apenas uma área de 10 mil hectares de cerrado, a Estação Ecológica de Águas Emendadas, localizada no Distrito Federal, os pesquisadores registraram até agora 27 espécies de anfíbios e 53 de répteis, sendo 29 delas de cobras, como a jiboia, a coral-verdadeira e a cascavel. Anfíbios e répteis são importantes predadores de animais que comumente nos causam danos, como alguns insetos e roedores. Ao contrário do que muita gente pensa, dificilmente veem-se cobras em locais de vegetação nativa; elas se multiplicam com facilidade em ambientes modificados pelo ser humano, como pastos, por exemplo. Estudos recentes têm investigado propriedades medicinais de substâncias extraídas da pele de pererecas encontradas no Cerrado, visando o combate de enfermidades como a doença de Chagas.

O Cerrado também é bastante rico em espécies de aves. São vários tipos de corujas (como a buraqueira e a orelhuda), bacurais, codornas, perdizes, andorinhas, tucanos, pica-paus, beija-flores, arapaçus, gralhas, sabiás, sanhaços, anambés, anus, rolinhas e juritis, jacus, mutuns e frangos-d'água. Há espécies famosas, tais como o joão-de-barro, o belíssimo tangará-de-cabe-

João-de-barro

ça-vermelha, a tesourinha, o bem-te-vi, o tiziu, a curicaca, o colhereiro e o urubu-rei. Muitas dessas aves ainda podem ser encontradas em áreas semi-urbanas e em pequenos fragmentos de Cerrado. Detalhes sobre cada uma dessas aves podem ser encontrados em guias especializados no assunto.

Em termos de número de espécies, os mamíferos mais abundantes são os pequenos. Existem cerca de noventa e duas espécies de morcegos na região dos cerrados. A maioria se alimenta de insetos e frutos, sendo de fundamental importância às plantas (porque polinizam as flores e disseminam suas sementes) e ao ser humano (pois reduzem o número de insetos). Apenas três tipos de morcego alimentam-se de sangue — sendo por isso classificados como hematófagos —, especialmente de aves e de animais domésticos como o gado. A devastação das matas de galeria e sua substituição por pastos têm provocado o aumento nas populações de morcegos hematófagos em detrimento dos insetívoros (que se alimentam de insetos) e frugívoros (que se alimentam de frutos). Existem cerca de setenta e três espécies de pequenos mamíferos vivendo nos diferentes tipos de vegetação do Cerrado, sendo cinquenta e seis delas de roedores e dezessete de pequenos marsupiais, como as cuícas e o gambá ou saruê. Apesar de tamanha riqueza de marsupiais no Brasil, os livros didáticos ainda consideram especialmente os animais australianos — como cangurus e coalas — ao se referirem a esse grupo de mamíferos.

Flávio Rodrigues

Gambá

pesquise

Descubra mais dados sobre os animais do Cerrado e suas características. Apesar de as fontes serem escassas, a Internet possibilita uma busca mais fácil. Vale tentar também conversar com vizinhos e amigos!

Devastação: exploração predatória de recursos naturais.

saiba mais

Sobre a fauna brasileira e do Cerrado, veja também:

Para ler

ANDRADE, M. A. *Aves silvestres — Minas Gerais.* Belo Horizonte: Conselho Internacional para a preservação das aves — CIPA, 1992.

ANTAS, P. T. Z.; CAVALCANTI, R. B. *Aves comuns do planalto central.* Brasília: Editora UnB, 1988.

CEMIG. *Guia ilustrado dos animais do Cerrado de Minas Gerais.* Belo Horizonte: Editare, 2003.

DINIZ, I. R. et al. Metamorfose no cerrado. *Ciência Hoje,* São Paulo, v. 30, n. 180, p. 66-68, 2002.

GESISKY, J. Descoberta de nova espécie de perereca. *Ciência Hoje,* São Paulo, v. 34, n. 201, p. 40-41, 2004.

PEREIRA JR., H. R.; JORGE, W.; BAGAGLI, E. Por que tatu? *Ciência Hoje,* São Paulo, v. 34, n. 199, p. 70-73, 2003.

O ser humano e o Cerrado

Opção Brasil/Fotoarquivo

A ocupação e dominação da natureza

Observando com mais atenção a relação dos povos com os recursos naturais, perceberemos que a população que vive há muito tempo em um mesmo ambiente tende a desenvolver "adaptações culturais" ao uso racional e sustentado dos recursos. É o exemplo dos povos ribeirinhos da Amazônia, de muitas comunidades de pescadores, das várias nações indígenas distribuídas pelo Brasil, dentre outros. Esses indivíduos conhecem profundamente a fauna e a flora da região em que vivem. Conhecem os usos alimentícios e medicinais bem como os reais perigos que algumas plantas e animais podem representar. Enfim, desenvolveram a sua cultura relacionada ao ambiente em que vivem, criando lendas, festividades, rituais e tradições geralmente ligados às épocas do ano ou aos elementos locais da fauna e da flora.

Por outro lado, uma população recém-chegada a determinado lugar traz consigo seu modo particular de explorar os recursos naturais, desenvolvido no seu ambiente de origem. A fim de conservar suas raízes e tradições, além de manter vivo o folclore, são também utilizadas técnicas de obtenção de alimentos e várias outras formas de explorar o meio, muitas vezes inapropriadas ao novo ambiente que está sendo "conquistado", ocasionando a degradação dos recursos naturais. Nesses casos, são trazidas outras maneiras de "entender" o ambiente, bem como outros "valores culturais". Um exemplo simples pode ser dado sobre essa situação: conceitos do que seja bonito, agradável e saboroso podem depender da experiência anterior do indivíduo, ou seja, das raízes que ele tem com os elementos locais.

Outro exemplo desse choque entre a cultura local e a dos povos colonizadores ocorreu há 500 anos, quando os primeiros europeus desembarcaram em terras brasileiras. O que se observou foi a pura e simples retirada ou exploração dos recursos da nova "colônia". O ponto de vista dos colonizadores está expresso nos relatos escritos à época, como nestes trechos da famosa Carta de Pero Vaz de Caminha a D. Manuel, datada de 1º de maio de 1500:

> "Eles [os nativos] não lavram, nem criam. Não há aqui boi, nem vaca, nem cabra, nem ovelha, nem galinha, nem qualquer outra alimária, que acostumada seja ao viver dos homens. Nem comem senão desse inhame, que aqui há muito, e dessa semente e frutos, que a terra e as árvores de si lançam.
>
> (...) a estender olhos, não podíamos ver senão terra com arvoredos, que nos parecia muito longa.
>
> Nela [a "nova" terra], até agora, não pudemos saber que haja ouro, nem prata, nem coisa alguma de metal ou ferro; nem lho vimos. (...) Águas são muitas; infindas. E em tal maneira é graciosa que, querendo-a aproveitar, dar-se-á nela tudo, por bem das águas que tem.
>
> Porém o melhor fruto, que nela se pode fazer, me parece, que será salvar esta gente. Esta deve ser a principal semente que Vossa Alteza em ela deve lançar."[3]

De fato, tratava-se de uma época em que não estava clara a noção de que os recursos naturais eram limitados. Ainda assim, é bem verdade que os primeiros colonizadores consideraram-se desbravadores ou exploradores, o que significa a ausência de valorização ou de uma relação mais profunda de *afetividade* com a terra em que se encontravam e com o povo que nela habitava. A sequência disso foi a usurpação dos recursos naturais sem atentarem para o fato de tais recursos serem finitos, e, pior ainda, sem se preocuparem com a cultura daqueles que aqui viviam e presenciaram esse episódio.

para refletir e debater

A história e a relação com o ambiente descritas acima têm alguma semelhança com o que vem ocorrendo ao longo do processo de ocupação da região do Cerrado?

[3] In: AGUILAR, Nelson (Org.). *Mostra do redescobrimento*: carta de Pero Vaz de Caminha. São Paulo: Fundação Bienal de São Paulo/Associação Brasil 500 Anos Artes Visuais, 2000, p. 85-86.

História antiga dos habitantes do Cerrado

Muitos associam o início da história do Brasil com a chegada dos portugueses. Esquecem-se daqueles que habitavam estas regiões há muito mais tempo. O Planalto Central brasileiro passa pelo mesmo tipo de situação: costuma aparecer na história do Brasil quando se fala nas *entradas* e *bandeiras*, ou seja, com o início das expedições do "ser humano branco" ao interior do país. Ocorre que estudos arqueológicos têm demonstrado a existência de civilização no Planalto Central do Brasil há cerca de 10 a 12 mil anos. Em outras palavras, os indígenas chegaram aqui bem antes do florescimento da cultura ocidental que culminou nas grandes navegações e na "descoberta" da América. Possivelmente, esses "brasileiros" conviveram com grandes mamíferos extintos, como preguiças-gigantes, que perambularam pelo Cerrado há 12 mil anos.

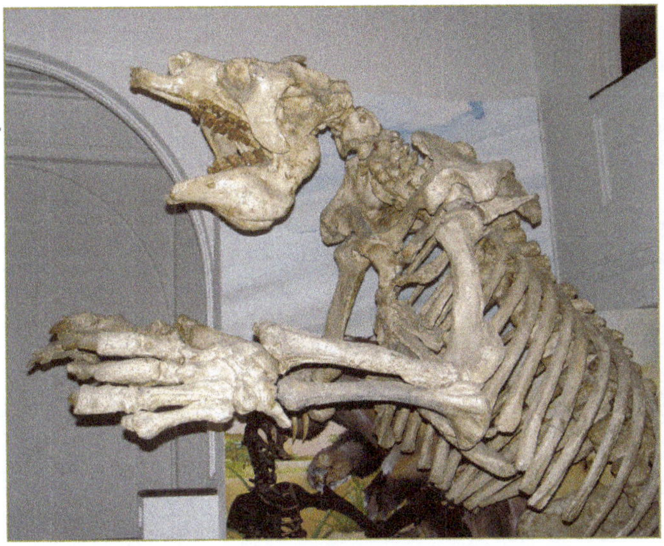

Felipe Franco Curcio

Felipe Franco Curcio

Esqueleto de preguiça-gigante exposto no Museu de Zoologia da USP.

Estudos concentrados nos arredores da cidade de Serranópolis, no sul de Goiás, sugerem uma sequência de ocupação que data de aproximadamente 11 mil anos até épocas recentes. Segundo esses estudos, há 11 mil anos, teriam vivido os primeiros homens conhecidos do Cerrado. Sua alimentação era baseada na caça generalizada, complementada por pesca, coleta de frutos e ovos. O modo como sepultavam os

Marcelo Bizerril

Marcelo Bizerril

Região de Serranópolis, em Goiás, e pinturas rupestres.

mortos é desconhecido. Abrigavam-se em formações rochosas, mas também é provável que utilizassem acampamentos provisórios em colinas e margens de rios.

Cerca de quatro mil anos depois, foram substituídos por caçadores mais especializados. São registrados para a época anzóis e pontas de ossos, além de artefatos de concha. A coleta de moluscos parece ter se associado às atividades de subsistência. Finalmente, no último milênio, surgiram os grupos indígenas de coletores, caçadores e plantadores, com confecção de objetos de madeira e cerâmica e sinais de cultivo de algumas plantas como milho e amendoim.

No início do século XVII houve o contato com os europeus, o que resultou no declínio das populações indígenas, gerado por doenças e conflitos, por vezes violentos, pela posse da terra.

pesquise

Procure conhecer mais detalhes dos animais da fauna extinta do Brasil, como as preguiças-gigantes, os gliptodontes e os tigres-dentes-de-sabre.

História recente dos habitantes do Cerrado

Do ponto de vista "europeu", essa história tem início há 500 anos, com os primeiros contatos dos europeus com o Brasil. Por cerca de 200 anos a ocupação foi restrita ao litoral, mas, a partir de meados do século XVII, iniciou-se a decadência da cana-de-açúcar no Nordeste. Ao final daquele século, foram descobertas jazidas de ouro e pedras preciosas em Minas Gerais e Goiás. Nesse período, foi iniciada a ocupação do Centro-Oeste brasileiro pelos bandeirantes. Paralelamente à expulsão e massacre dos indígenas, muitas vilas foram construídas, algumas das quais deram origem a importantes cidades históricas como Ouro Preto (MG), São João del Rey (MG), Paracatu (MG), Goiás (GO), Luziânia (GO), Pires do Rio (GO), Pirenópolis (GO), Cuiabá (MT) e Poconé (MT). Muitas roças e fazendas de gado surgiram nessa época para abastecer os povoados e as cidades.

Marcelo Bizerril

Pirenópolis, fundada em 1732, é uma das mais importantes cidades históricas de Goiás.

pesquise

Quais as principais cidades históricas do seu estado ou região? (Já pensou em visitá-las?)

Relatos precisos do avanço da mineração, dos encontros entre indígenas e colonizadores, das estradas e das impressões dos viajantes do Cerrado nos séculos XVII e XVIII são feitos por Paulo Bertran, no livro *História da terra e do ser humano no Planalto Central*. Dentre as inúmeras passagens interessantes do livro, destaca-se a descrição dos processos que envolveram a colonização do interior, especialmente as doações de terras para súditos camponeses – as sesmarias –, que na região do Cerrado atingiam mais de 300 quilômetros quadrados cada uma. As primeiras sesmarias da área onde hoje está o Distrito Federal foram concedidas nos idos de 1740, em locais que hoje são as regiões administrativas do Gama e Planaltina.

As reservas de ouro na beira dos córregos foram as primeiras a serem exploradas e a se esgotarem. O uso abusivo do mercúrio e a destruição da vegetação nas margens dos rios aceleraram o processo de assoreamento e poluição dos cursos d'água. Particularmente no estado de Goiás, houve um verdadeiro desastre ambiental. Em seguida, deu-se a exploração das jazidas nos morros, e a decadência da mineração ocorreu ao final do século XVIII. No século XIX, as plantações de café se multiplicaram em São Paulo e no Paraná, mudando o eixo da economia do país.

No início do século XX, a construção da estrada de ferro Noroeste do Brasil provocou um pequeno movimento migratório para o Centro-Oeste. Ao final da década de 1930, Getúlio Vargas instituiu a "marcha para o oeste", proporcionando o crescimento das atividades agropecuárias na região. Mas foi a construção e inauguração de Brasília, em 1960, que definitivamente marcou a migração em larga escala para o Centro-Oeste, trazendo consigo a abertura de novas rodovias cortando a região.

Descobertas no campo das pesquisas agropecuárias — ligadas ao manejo dos solos, à produção de máquinas agrícolas e ao melhoramento genético de plantas — resultaram em técnicas que permitiam melhor aproveitamento dos solos do Cerrado para plantios. Políticas públicas de subsídios para empreendimentos agropecuários no Cerrado — como o Polocentro e o Prodecer (Programa de Desenvolvimento do Cerrado) — abaixaram o preço da terra e estimularam agricultores do Sul e Sudeste do país a se estabelecerem no Centro-Oeste. Aliando esses fatos a um relevo de certa forma plano e à vegetação nativa de porte baixo, temos como resultado o desmatamento do Cerrado em larga escala em favor do estabelecimento de pasto e de gigantescas monoculturas mecanizadas, especialmente de soja.

Sem dúvida, esses eventos foram responsáveis pelos seguidos recordes na produção de grãos e de carne, fato muito relevante em um país que tem sua economia sustentada nos agronegócios. Contudo, deve-se ter em conta que juntamente com o desenvolvimento econômico da região, essas atividades trouxeram o desmatamento, a erosão e o empobrecimento dos solos, bem como a contaminação do solo e dos rios por agrotóxicos, destruindo a biodiversidade e, em muitos casos, expulsando a população rural para as cidades.

Ao falar sobre a história da ocupação recente do Cerrado temos que avaliar também alguns dados relativos ao crescimento populacional na região:

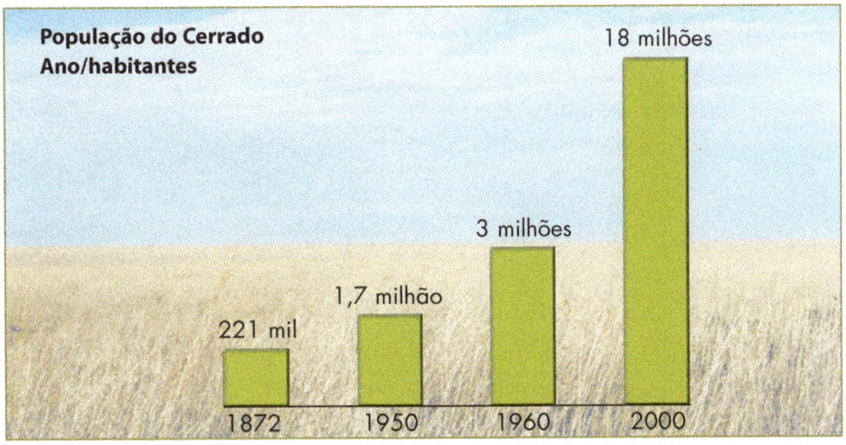

Erosão: trabalho mecânico de desgaste das rochas formadoras do solo.

A densidade demográfica também quase dobrou: de 4,2 habitantes/km², em 1970, para 8,2 habitantes/km², em 1991. Só a população do Distrito Federal aumentou de 140 mil, em 1960, para

para refletir e debater

Algumas frases imortalizadas na história da construção e inauguração de Brasília evidenciam algo do que foi dito nos primeiros parágrafos deste capítulo. Por exemplo: "... e então decidiu-se conquistar a região central do Brasil, dois terços do país totalmente desérticos..." ou "... foi uma epopeia contemporânea construir Brasília na solidão do cerrado...". Esse tipo de pensamento pode influenciar nossa relação com a natureza e com a cultura do Cerrado?

mais de 2 milhões no ano 2000. O crescimento desordenado das cidades também vem sendo um dos fatores responsáveis pela destruição do Cerrado.

Contudo, é o sentimento de dominação da natureza e o preconceito que impedem um tratamento mais respeitoso com o Cerrado. Eles aparecem em todos os lugares, até nos livros didáticos, e são gerados pelo desconhecimento e pela ausência de afetividade pela natureza local. A população do Cerrado, especialmente os jovens, precisa ser sensibilizada para perceber a beleza desse ambiente; precisa entrar em contato com o Cerrado para que possa ter experiências positivas com o meio onde está nascendo e vivendo, para que seja revertida a "imagem" equivocada que muitos têm a seu respeito. E a valorização do Cerrado também passa pela valorização da cultura e da história da região.

Marcelo Bizerril

Instituto Moreira Sales, São Paulo

Vista do centro de Brasília no ano 2000 e em foto de Marcel Gautherot, cerca de 1958-1960.

pararefletiredebater

Leia este poema do Nicolas Behr, poeta de Brasília, e discuta-o com seus amigos e familiares:

Nem tudo
que é torto
é errado

Veja as pernas
do Garrincha
e as árvores
do Cerrado.

pesquise

Discutir aspectos históricos nos ajuda a compreender mais o presente e criar melhores estratégias de vida para o futuro. Por isso, a história é uma importante disciplina para analisar as questões ambientais. A abordagem pode ser direta – por exemplo, por meio de uma visita a museus ou pela análise de documentos – ou indireta, por meio de comparações da situação vivida no Cerrado com a de outras civilizações antigas e/ou países da atualidade, considerando a importância da valorização da cultura e das relações entre homens e meio ambiente. Pesquisando a história de vida de pessoas e de localidades, pode-se chegar a interessantes conclusões e reflexões sobre a vida nos dias de hoje.

Procure refazer a história da criação e desenvolvimento de sua cidade por meio de pesquisas de documentos e da memória das pessoas mais vividas. Como tem se dado o crescimento ultimamente? O que pode ser feito para conservar a qualidade de vida de todos?

Comunidades indígenas e tradicionais remanescentes no Cerrado

Estima-se que por volta do ano 1500 havia cerca de 6 milhões de índios no Brasil, divididos em sociedades que falavam mais de mil línguas diferentes.

Atualmente, o Brasil ainda abriga cerca de 300 mil índios, em mais de duzentas sociedades indígenas, a maioria no Norte e Centro-Oeste. Grande parte das aldeias (71%) tem populações inferiores a duzentos indivíduos.

Ao menos trinta e oito grupos indígenas ainda habitam a região do Cerrado, com uma população total de cerca de 45 mil pessoas. Alguns desses grupos são os Xavantes, Krahô, Xerente, Bororo, Karajá, Kayapó e Canela. As áreas indígenas são comumente reconhecidas como importantes para a preservação da natureza, e no Cerrado não é diferente, pois representam o triplo da área protegida por Unidades de Conservação, que são áreas protegidas ou com controle no uso dos recursos naturais. Estudos etnobotânicos têm revelado cada vez mais o extraordinário conhecimento que essas populações têm a respeito da biodiversidade e das possibilidades de uso das espécies nativas, especialmente para a melhoria da saúde humana.

Os Xavantes *(A'uwê)*, em Mato Grosso, vivem da caça e plantio de roças de subsistência. A caça está associada a festividades, como casamentos, e o fogo é utilizado como método de detectar e capturar os animais. A relação entre europeus e Xavantes no século XIX foi marcada pelos conflitos e doenças transmitidas pelo ser humano branco *(warazu)*, fato pelo qual os Xavantes buscaram o isolamento. O primeiro contato pacífico com os colonizadores ocorreu apenas em 1946.

Os Krahô vivem no Nordeste de Tocantins, com uma população atual de duas mil pessoas em dezesseis aldeias. Conflitos com o homem branco foram expulsando-os de suas terras originais para a região que ocupam atualmente, fazendo com que perdessem o contato com sementes de uso tradicional na alimentação e em diversos aspectos culturais. Hoje, em parceria com a Embrapa, tentam resgatar e plantar de novo essas sementes.

Assim como outros grupos indígenas, Xavantes e Krahô lutam para preservar sua cultura e identidade. Outros povos e culturas estão praticamente extintos. Em Goiás, a população indígena estimada é de apenas trezentos e quarenta e seis indivíduos, dos grupos Ava-Canoeiro, Karajá e Tapuya. Os conflitos com os brancos continuam nos dias de hoje, em disputas envolvendo a posse da terra, a exploração de madeira e do garimpo, e a implantação de grandes obras, como estradas e hidrelétricas.

Celso Junior/AE

Índio sobe a rampa do Congresso Nacional carregando uma tora de buriti pela causa da conservação do Cerrado, em setembro de 2004.

Das comunidades tradicionais da região do Cerrado, destacam-se os quilombolas, os caipiras e os sertanejos. Quilombolas são comunidades de descendentes dos escravos negros, de cultura e história muito particulares, que hoje vivem de atividades agrícolas, de artesanato e extrativismo. No bioma, duas comunidades quilombolas se destacam: a Comunidade do Cedro, próxima do município de Mineiros — GO, reconhecida por seu Centro de

Etnobotânica: sabedoria popular sobre as plantas e seus usos potenciais que é passada de geração para geração (etno = em grego, "povo"; botânica = estudo das plantas).
Barragem hidrelétrica: barreira dotada de uma série de comportas ou outros mecanismos de controle, construída transversalmente a um rio, para controlar o nível da água e utilizá-la com a finalidade de gerar energia elétrica.
Comunidades tradicionais: grupos humanos culturalmente diferenciados que vivem há no mínimo três gerações em um determinado ecossistema e historicamente reproduzem seu modo de vida em estreita dependência com o meio natural para sua subsistência, utilizando os recursos naturais de forma sustentável.
Atividades extrativistas, extrativismo sustentável: atividade de exploração e retirada de recursos naturais da floresta, como óleos, plantas medicinais, fibras, látex e outros produtos, sem que haja comprometimento de sua renovação natural.

Plantas Medicinais do Cerrado, e a Comunidade Kalunga, que conseguiu manter suas características culturais e agora inicia um projeto de ecoturismo comunitário. A cultura caipira, ou ainda de caboclos ou sitiantes, é baseada em pequenas propriedades familiares, com formas de atividades agrícolas e de religiosidade muito peculiares. Já os sertanejos estão tipicamente associados ao agreste da Caatinga, chegando também ao Brasil central. A economia e cultura apresentam fortes relações com a atividade pastoril, como é o caso das vaquejadas.

A situação das populações indígenas e comunidades tradicionais é preocupante, pois a avalanche da globalização e do "desenvolvimento" ameaça seriamente a sobrevivência das tradições e do conhecimento sobre a natureza que esses povos acumularam ao longo do tempo, e que são parte importante da cultura brasileira.

Folclore

Diversas são as manifestações culturais típicas do Cerrado. Lamentavelmente, a massificação cultural promovida pelos meios de comunicação poucas vezes valoriza as especificidades locais, de modo que os jovens tendem a se desinteressar pelas tradições, perdendo a identidade cultural e buscando o padrão de cultura da vida urbana moderna e globalizada.

Para impedir que as tradições caiam no esquecimento, é preciso, antes de mais nada, divulgá-las e valorizá-las. Apesar de algumas dessas festas do nosso folclore estarem "ameaçadas" pelo desinteresse das novas gerações, outras são motivo de atração de visitantes de outras cidades, no chamado "turismo cultural". O desafio, hoje, é, no entanto, equilibrar a valorização das tradições e do turismo com a manutenção da identidade das comunidades locais.

Algumas danças, como a catira e o bumba meu boi d'água, são ainda bem conhecidas e divulgadas. É o caso também de algumas festividades, como a Festa do Divino Espírito Santo, que atrai muitos turistas em Goiás Velho e em Pirenópolis (GO), e das Congadas, que também reúne muitas pessoas em Catalão (GO).

Outra festa bastante conhecida é a Caçada da Rainha, uma representação festiva da libertação dos escravos. Diz a lenda que a Princesa Isabel, depois de assinar a Lei Áurea, ficou receosa de que Dom Pedro II não concordasse com seu ato. Escondeu-se, então, na mata ao saber da volta do imperador do Brasil. Dom Pedro, ao contrário, ficou feliz com a libertação dos escravos e ordenou que a guarda real promovesse uma caçada à Princesa Isabel. Seguindo as tradições, a princesa é procurada em todos os lugares Cerrado afora, para ser recepcionada em seguida com um grande batuque. Essa festa ocorre em São João da Aliança, no Distrito do Forte e outras cidades do Cerrado.

A Festa do Divino Espírito Santo está vinculada ao domingo de Pentecostes, 50 dias após a Semana Santa. Simboliza o dia em que o Espírito Santo desceu sobre os apóstolos. O Espírito Santo é representado por uma pomba branca, e os vários dias de celebração são encerrados com uma procissão. É talvez a festa religiosa mais difundida no interior do país.

As cavalhadas, por sua vez, são encenações de batalhas medievais entre cristãos (vestidos de azul) e muçulmanos (trajando vermelho). Ocorrem em várias partes do Brasil associadas à Festa do Divino. Ao final da batalha, os cristãos, vitoriosos, batizam os mouros, razão pela qual estudiosos consideram as cavalhadas um momento de reafirmação da fé cristã pela comunidade.

pesquise

Faça um levantamento mais detalhado das sociedades indígenas e comunidades tradicionais do Cerrado e organize uma exposição. Uma sugestão é começar por uma visita aos *sites* da Funai (www.funai.gov.br), do Instituto Socioambiental — ISA (www.socioambiental.org) e da Fundação Cultural Palmares (www.cultura.gov.br/cultura-afro).

Ecoturismo: é um segmento da atividade turística que utiliza de forma sustentável o patrimônio natural e cultural, incentiva sua conservação e busca a formação de uma consciência ambientalista por meio da interpretação do ambiente, promovendo o bem-estar das populações.

As cavalhadas de Pirenópolis (GO) são consideradas umas das mais tradicionais e expressivas do Brasil, ocorrendo desde 1826. Além dos cavaleiros cristãos e mouros, há os mascarados, que usam fantasias coloridas e máscaras em formato de cabeça de boi, e cavalgam pelas ruas da cidade interagindo com os visitantes.

Outras tantas festas e tradições do interior do Brasil merecem ser mais bem conhecidas e valorizadas. Além dessas, há ainda a fantástica riqueza de instrumentos musicais típicos, vestimentas, ferramentas, culinária e artesanato típicos do Cerrado.

pesquise

Faça uma busca em bibliotecas ou na Internet sobre festas populares brasileiras, particularmente as citadas nesta seção. Organize seus resultados em uma exposição.

para refletir e debater

Por que conhecemos tão pouco as festas tradicionais do interior do Brasil e incorporamos, nos últimos anos, festas tradicionais de outros países, como o Dia das Bruxas, por exemplo?

Opção Brasil/Fotoarquivo

As cavalhadas, associadas à Festa do Divino, ocorrem em Pirenópolis no mês de maio.

e ainda...

Viajantes ilustres no Planalto Central no século XIX

O primeiro viajante estrangeiro no Planalto Central foi o austríaco Dr. Johann Pohl, que percorreu partes de Goiás e Tocantins entre 1818 e 1819. Para ter uma ideia da região na época, observe como Dr. Pohl descreve Paracatu, cidade de Minas Gerais com mais de 75 mil habitantes hoje em dia: "cidade de tamanho médio, com cerca de 700 casas térreas de madeira e barro, em duas ruas largas calçadas. Em cada casa havia uma horta onde o proprietário plantava seus legumes".

Outro dos mais famosos viajantes no interior do Brasil foi o naturalista francês Auguste de Saint-Hilaire. Viajando na mesma época que o Dr. Pohl, Saint-Hilaire observou as cavalhadas em Santa Luzia (atual Luziânia — GO) em 1819, descrevendo-as como ainda existem hoje em cidades como Pirenópolis, no livro *Viagens às nascentes do São Francisco e pela Província de Goyaz*. Já Pirenópolis, na época chamada Meia Ponte, era descrita por esses viajantes como a segunda maior localidade da capitania, depois de Goiás (hoje Goiás Velho), com uma população total de 6.209 pessoas em 1812.

Outros importantes naturalistas estrangeiros, como o botânico alemão Carl Phillipp von Martius, o zoólogo alemão Johann Baptist von Spix e o paleontólogo dinamarquês Peter Lund, cruzaram regiões do Planalto Central brasileiro realizando os pioneiros e preciosos estudos sobre a natureza no Cerrado.

Já no fim do século, em 1892, o astrônomo belga Luiz Cruls, coordenou a *Comissão Exploradora do Planalto Central do Brasil* a fim de realizar os levantamentos necessários para a demarcação da área da futura capital. O Relatório Cruls é um detalhado levantamento dos aspectos geológicos, climáticos e biológicos dos 4 mil quilômetros percorridos pela expedição. Os textos e fotografias são importantíssima memória da capital, cinquenta anos antes de sua construção.

saiba mais

Sobre a história da ocupação do Cerrado, bem como outros assuntos referentes à relação do ser humano com o meio ambiente, veja também:

Sites

Folclore e festas populares
www.pirenopolis.tur.br/cultura/folclore

Índios do Brasil
Funai: www.funai.gov.br
Instituto Socioambiental: www.socioambiental.org/prg/pib.shtm

Cavalhada
https://festasnobrasil.catracalivre.com.br/curiosidades/qual-a-origem-da-cavalhada-de-pirenopolis

Para ler

ALMEIDA, M. O ser humano e a preguiça. *Ciência Hoje*, São Paulo, v. 31, n. 185, p. 58-59, 2003.

BERTRAN, P. Desastres ambientais na capitania de Goiás. *Ciência Hoje*, São Paulo, v. 12, n. 70, p. 40-48, 1991.

BUYS, B. D.; EVANGELISTA, R. Festa do divino: a cultura popular está acabando? *Ciência Hoje*, São Paulo, v. 32, n. 189, p. 26-32, 2002.

CARTELLE, C. Preguiças terrícolas, essas desconhecidas. *Ciência Hoje*, São Paulo, v. 27, n. 161, p. 18-25, 2000.

FERRO, L. R. S. (Coord.). *Atlas histórico e geográfico do Distrito Federal*. Brasília: Fundação Educacional do Distrito Federal, 1997.

LEEUWENBERG, F.; SALIMON, M. *Para sempre A'uwê*: os Xavantes na balança das civilizações. Brasília, 1999.

KLINK, C. A.; MOREIRA, A. G. Past and current human occupation and land use. In: Oliveira, P. S.; MARQUIS, R. J. *The cerrados of Brazil*: ecology and natural history of a neotropical savanna. New York: Columbia University Press, 2002.

MOURÃO, R. R. F. *Luiz Ferdinand Cruls – explorador do céu e da terra*. Brasília: Verano, 2003.

Os impactos

Haroldo Castro/Conservação Internacional

Os problemas que o Cerrado enfrenta

O Cerrado vem experimentando nos últimos quarenta anos um ritmo impressionante de destruição, desencadeado por uma política desordenada de ocupação do centro do país. Foi uma tentativa de redistribuir a população brasileira uma vez que a maioria dos brasileiros vivia e ainda vive na região litorânea. Basta verificar que o Cerrado ocupa cerca de 25% da superfície do Brasil mas abriga apenas 7% da população.

Além da urgência e da desorganização dessa ocupação, o Cerrado parece ter sido excluído pelas autoridades brasileiras do grupo das paisagens nativas de interesse ecológico, recebendo uma "vocação" para as atividades agropecuárias. Esse fato ficou de certa forma expresso na Constituição Brasileira de 1988, em que, no Capítulo "Do Meio Ambiente", está escrito:

> *Art. 225, § 4° A Floresta Amazônica brasileira, a Mata Atlântica, a Serra do Mar, o Pantanal Mato-Grossense e a Zona Costeira são patrimônio nacional, e sua utilização far-se-á na forma da lei, dentro de condições que assegurem a preservação do meio ambiente, inclusive quanto ao uso dos recursos naturais.*

O Cerrado, assim como a Caatinga, ficou de fora da lista proposta pelo artigo 225, assim como tem ficado de fora da maioria dos projetos de conservação no Brasil. Somente no ano de 2001 é que se observou algum movimento no Congresso Nacional no sentido de reparar a omissão desse artigo da Constituição.

É interessante notar que essa exclusão do Cerrado como vegetação ameaçada se repete nos livros didáticos dos ensinos fundamental e médio. Neles, o Cerrado é relacionado, na maioria das vezes, como área propícia ao desenvolvimento de atividades da agricultura e pecuária. Sendo assim, é associado a termos como "produção", "desenvolvimento" e "agropecuária". Já termos como "devastação", "biodiversidade", "desequilíbrio ecológico" e "belezas naturais" estão estritamente ligados à Floresta Amazônica e, em menor grau, à Mata Atlântica.

Como consequência, o Cerrado vem, a cada ano, perdendo área para a expansão urbana e agropecuária. Resultados de análises de imagens de satélite do Cerrado demonstram que apenas um terço da vegetação original ainda pode ser considerada não antropizada, ou seja, não transformada pela ação do ser humano. Outro um terço da área é considerado antropizado, isto é, parcialmente transformado em pastos, e o um terço restante é classificado como fortemente descaracterizado em culturas agrícolas e áreas urbanas. Outras estimativas indicam que 41% do Cerrado ainda persiste, mas outras mais pessimistas revelam que resta apenas menos de 20% da área original em condições razoáveis para a conservação.

Um estudo recente da ONG Conservação Internacional mostra que o Cerrado perde 2,6 campos de futebol de sua cobertura vegetal por minuto e corre o risco de desaparecer até 2030 com a atual taxa de desmatamento.

Não se esperava que o Cerrado ficasse intocado, mas, com a velocidade com que vem sendo ocupado e com a ausência de um planejamento

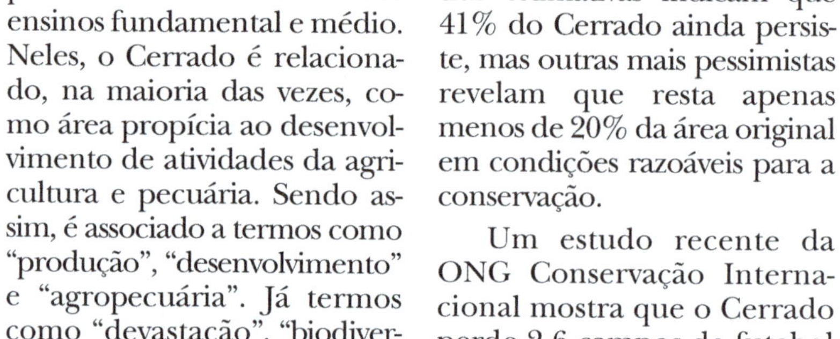

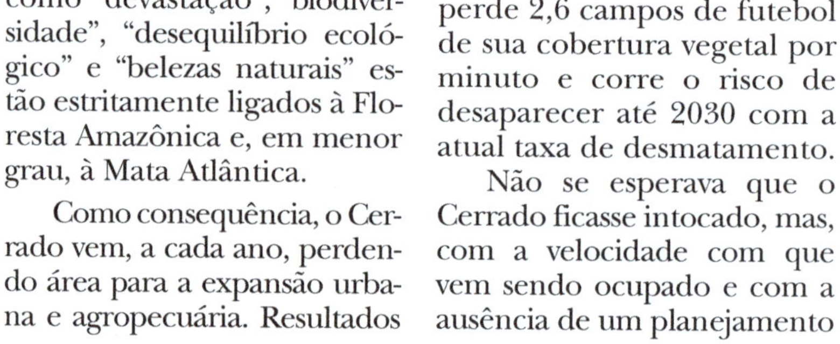

Fonte: Conservação Internacional

Antropização: processo relacionado à ocupação do ser humano nos espaços naturais. Um local antropizado é aquele que sofreu alterações em sua condição original provocadas pela intervenção humana. Uma cidade, por exemplo, é um local fortemente antropizado.

de ocupação racional, o comprometimento da conservação dos solos, da flora e da fauna pode ser bastante sério, atingindo uma situação de irreversível destruição.

A seguir serão discutidos, com mais detalhes, alguns dos principais problemas que atingem o Cerrado.

pesquise

Analise alguns livros didáticos de Geografia ou de Ciências e verifique o enfoque dado ao Cerrado. Qual a proporção de figuras e textos relacionados à biodiversidade brasileira e às espécies exóticas?

Analise como a mídia (jornais, revistas e TV) se reporta ao meio ambiente. Qual a proporção de matérias e o enfoque dado ao Cerrado?

O desmatamento e a poluição

O desmatamento do Cerrado apresenta múltiplas causas, dentre elas, podemos destacar o garimpo, a implantação de monoculturas, o plantio de espécies exóticas, como pinheiros e eucaliptos, o estabelecimento de pastos para criação de gado, a derrubada da vegetação para produção de carvão e as queimadas. Como pode ser facilmente percebido, a ideia central é sempre associada à retirada da vegetação nativa para o estabelecimento de uma atividade econômica que não esteja relacionada com a vegetação natural. Em vez de buscar alternativas para um uso sustentado do Cerrado, aliando a conservação às atividades econômicas, o ser humano tem simplesmente ignorado o potencial da região, destruindo a vegetação nativa.

Pesquisas indicam que o Centro-Oeste abriga 50 milhões de hectares de pastagens plantadas com gramíneas africanas. Essa área equivale a um quarto do total do Cerrado ou a duas vezes o estado de São Paulo, e é quase o dobro da área ocupada por pastagens nas regiões Sul e Sudeste juntas.

Espécies exóticas: espécies presentes em uma determinada área geográfica da qual não é originária.

Impacto ambiental: qualquer alteração significativa no meio ambiente, em um ou mais de seus componentes, capaz de afetar as condições naturais de sobrevivência dos seres vivos.

Evolução das áreas de pastagens e lavouras no Brasil (em mil hectares)

Anos	Área de pastagens						Área utilizada para lavoura		
	Sudeste		Sul		Centro-Oeste		Sudeste	Sul	Centro-Oeste
	Total	Plantada	Total	Plantada	Total	Plantada			
1970	44.734	10.633	21.613	3.637	55.483	9.073	9.601	11.028	2.403
1975	47.277	11.559	21.160	4.438	61.310	15.289	10.432	12.991	4.350
1980	43.638	16.185	21.313	5.634	67.665	24.665	12.116	14.571	6.480
1985	42.487	16.713	21.432	6.142	69.895	33.549	13.562	14.523	7.701
1995/1996	37.777	20.453	20.697	7.017	73.842	50.597	10.594	12.306	6.844

Fonte: IBGE/Censo Agropecuário. In: REZENDE, G. C. *Ocupação agrícola e estrutura agrária do Cerrado*: o papel do preço da terra, dos recursos naturais e da tecnologia. Texto para discussão nº 913. Brasília: Instituto de Pesquisa Aplicada — IPEA, 2002, p. 6.

As gramíneas exóticas, procedentes de outros lugares do mundo, são impactantes ao ambiente porque competem com as plantas nativas, dificultando ou impedindo a sua permanência no local, e interferem no ciclo das águas e no regime de

pesquise

Quais as principais espécies vegetais cultivadas na região em que você mora? Escolha um tipo de cultivo e avalie os pontos positivos (empregos, renda, alimentação etc.) e impactos (poluição por agrotóxicos, desmatamento etc.) a ele relacionados. Discuta com o produtor alternativas para diminuir os impactos.

queimas naturais. Para agravar a situação, estudos indicam que 50% das pastagens degradam com o passar dos anos e são abandonadas. O processo natural de recuperação é muito lento.

Cerca de 69% da área de Cerrado destruída está ocupada por pasto, 16% do solo está abandonado e 15%, destinado à agricultura. Dentre as principais espécies cultivadas na região do Cerrado, destacam-se a soja, o milho e a cana-de-açúcar. Note que nos últimos 25 anos a produção de soja no Cerrado aumentou muito chegando a representar metade da produção nacional.

e ainda...

A substituição do Cerrado por pasto pode influenciar o clima?

A umidade do ar provém basicamente de duas fontes principais: a evaporação da água de rios, lagos e oceanos e a transpiração dos seres vivos, especialmente as plantas. As árvores do Cerrado apresentam raízes profundas, razão pela qual muitas não sofrem com o período seco, pois acessam a água disponível abaixo de 2 metros de profundidade, chegando, em alguns casos, a até 8 metros. Sabe-se que cerrados mais densos "transpiram" mais que campos. Daí que com a substituição dos cerrados por vegetação rasteira, aquela água disponível em regiões mais profundas do solo não seria acessada, e a redução da transpiração poderia agravar os períodos de seca. Por outro lado, os plantios introduzidos na região necessitam de mais água que as plantas nativas, novamente reduzindo a disponibilidade de água nas camadas mais rasas do solo. Estudos de simulação dos efeitos climáticos causados pela substituição das savanas pelas atividades agropecuárias indicaram uma redução anual em 10% das chuvas e aumento de 1°C na região de Brasília. O aumento da intensidade e duração da estação seca traria consequências ruins óbvias à qualidade de vida na região.

Área ocupada pela produção de soja no Cerrado

Ano	Área (hectares)	Produção (toneladas)	Total da produção do país
1975	1 milhão	50 mil	5%
1998	6 milhões	14 milhões	50%

Fonte: Dr. Carlos Klink (Departamento de Ecologia da Universidade de Brasília), em palestra proferida em 27 de junho de 2003 na Universidade Católica de Brasília.

A área média dos estabelecimentos que produzem soja no Cerrado também é muito maior que em outros grandes centros produtores no Brasil e no exterior. Como exemplo, dois terços desses estabelecimentos no estado do Mato Grosso têm área maior que 1000 hectares, enquanto no Sul do Brasil a área média é de 30 hectares e nos Estados Unidos, de 150 hectares.

Certamente a visão do agronegócio como "vilão" ambiental é simplista e incorreta. Não podemos ignorar o fato de vivermos num país agrícola nem a importância da agricultura e da pecuária para nossa alimentação e para a economia do país. Contudo, o modelo agrícola baseado em gigantescas monoculturas e na criação extensiva de bovinos em pastos de gramíneas exóticas pode ser questionado. Se, por um lado, há aumento nas exportações de carne e de grãos, gerando crescimento econômico, não se pode ignorar que essas atividades geram consumo elevadíssimo de água, perda da biodiversidade, empobrecimento e compactação dos solos, poluição pelo uso de agrotóxicos, aumento de queimadas e êxodo rural, em muitos casos. A questão não deve ser condenar a agricultura, mas rever certos modelos agrícolas, buscando tecnologias para compatibilizar produção com preservação do solo, economia de água e conservação da biodiversidade.

para refletir e debater

Organize um debate avaliando os prós e contras das atividades agrícolas no Centro-Oeste brasileiro. Busque *soluções* para compatibilizar a atividade agrícola com a conservação do Cerrado.

Marcelo Bizerril

Marcelo Bizerril

A soja (à esquerda) e as gramíneas africanas, como o capim-gordura (à direita), introduzidas para alimentar o gado, são as principais espécies exóticas que hoje ocupam o Cerrado.

Além dessas atividades, outro fator que tem provocado com grande intensidade a destruição da vegetação nativa nos últimos anos é o crescimento urbano desenfreado e desorganizado. Apesar de a taxa de crescimento na região do Cerrado não ser alarmante, a migração para os centros urbanos do Centro-Oeste brasileiro chegou a quase 600 mil pessoas em dez anos (entre 1986 e 1996). Os espaços naturais têm sido ocupados por cidades em uma velocidade inacreditável, como é o caso do município goiano de Águas Lindas, situado na divisa do Distrito Federal e o estado de Goiás, que aumentou de cinco mil habitantes em 1992 para mais de cem mil no ano 2000.

Marcelo Bizerril

Cidade de Águas Lindas (GO) no ano 2000

Joares May Jr.

Erosão provocada a partir da construção de uma estrada.

A falta de planejamento do uso do espaço provoca problemas ambientais graves que se refletem na qualidade de vida da população, que sofre com erosões e deslizamentos de terra, falta de água potável, excesso de poeira, esgotos a céu aberto, calor, poluição sonora etc. Esses problemas também influenciarão outros mais complexos, como a saúde prejudicada, a violência familiar, o estresse e os altos índices de reprovação nas escolas.

Grandes construções, como hidrelétricas, são também fontes de impactos ambientais. Se, por um lado, a energia elétrica é primordial para a vida moderna, por outro existem hoje diver-

sas possibilidades de produção de energia que geram impactos menores à natureza. É muito importante debater os custos e benefícios de cada tipo de produção de energia. E, dentre os custos, os impactos ambientais precisam ser considerados.

Marcelo Bizerril

Área do reservatório da Hidrelétrica de Serra da Mesa, durante o enchimento.

para refletir e debater

Acostumamo-nos a entender que países desenvolvidos são aqueles ricos, com poderosos armamentos e parques industriais de alta tecnologia, mesmo que a desigualdade social seja alarmante e o meio ambiente esteja em precárias condições. Que tipo de *desenvolvimento* nós queremos para nosso país (região ou cidade)?

pesquise

Tente verificar e medir o crescimento da população nos últimos anos no local onde você vive (bairro, cidade). O crescimento foi planejado, ou seja, o lugar foi preparado para receber mais pessoas? As condições de vida foram de alguma forma afetadas com esse crescimento?

Áreas protegidas na região do Cerrado

Apenas 1,5% da área total do Cerrado é protegida por Unidades de Conservação (UCs). Apesar de existirem no papel, muitas ainda não foram implantadas e a maioria não está consolidada; as reservas são mal equipadas e contam com um número reduzido de funcionários, insuficientes para a fiscalização e manutenção das áreas.

Além disso, as UCs existentes são de tamanho inferior ao necessário. Grande parte das Unidades de Conservação da Amazônia possui área superior a 100 mil hectares. No Cerrado, apenas vinte e duas possuem mais de 10 mil hectares. Áreas pequenas são insuficientes para a conservação de animais grandes e de plantas de distribuição irregular, além de serem mais suscetíveis a distúrbios externos. Basta dizer que um lobo-guará utiliza ao longo do ano uma área média de 50 quilômetros quadrados, o veado-campeiro pode ocupar até mais de 80 quilômetros quadrados, e a onça-pintada, 160 quilômetros quadrados[4]. São, portanto, necessárias grandes áreas para comportar indivíduos suficientes de cada espécie a fim de possibilitar sua conservação.

No caso das plantas, estudos têm confirmado que a distribuição das espécies vegetais ao longo do Cerrado é bastante irregular. Isto quer dizer que uma área de cerrado no Distrito Federal pode ter espécies bastante diferentes de outras áreas em Goiás, Minas Gerais, Mato Grosso e assim por diante. Variações de altitude, solo e clima estão dentre os fatores responsáveis pela ocorrência ou não das espécies.

Percentual da área dos biomas brasileiros protegidos na forma de Unidades de Conservação de uso indireto

Principais biomas brasileiros	% do bioma protegido
Zona costeira e Floresta Atlântica	6,80
Amazônia	3,78
Pantanal	1,62
Cerrado	1,47
Pinheirais e extremo sul	0,74
Caatinga	0,45

Fonte: Ministério do Meio Ambiente (1998).

As UCs encontram-se normalmente isoladas umas das outras formando "ilhas" de vegetação nativa espalhadas em um "oceano" de cidades, monoculturas e rodovias. A falta de integração entre essas ilhas gera problemas de todos os tipos, ocasionando com o tempo a redução e extinção local de espécies da fauna e da flora, resultando, enfim, no empobrecimento da diversidade biológica em cada reserva. A presença de espécies "invasoras", como o capim-gordura, e de cachorros asselvajados gera impactos relevantes na biodiversidade das reservas, impedindo a reprodução de plantas e predando ou transmitindo doenças à fauna nativa.

Assim sendo, cada fragmento de vegetação nativa remanescente tem um importante papel na manutenção de várias espécies animais e vegetais, e o conjunto desses fragmentos (com destaque especial para as matas de galeria) pode atuar como "corredores de biodiversidade", ligando áreas protegidas maiores.

Ameaças à fauna

A fauna do Cerrado é ameaçada pela caça e captura por diversas razões. Em alguns casos, como o dos tatus, a alimentação é o principal objetivo. O comércio de peles foi, e ainda é, a razão da caça de lontras, ariranhas, jacarés e pequenos felinos. Mas um dos principais problemas têm sido o abate de animais silvestres em retaliação a prejuízos econômicos causados por ataques às criações de animais domésticos. Este é um caso que envolve especialmente as onças-pintadas e os criadores de gado, o lobo-guará e os criadores de galinhas, e ainda agricultores e porcos-do-mato e muitas espécies de aves. É preciso considerar que a redução da vegetação nativa provoca a redução na oferta de alimentos; então, esses animais se aproximam das criações e plantações para usá-las como alimento. Alguns proprietários, por sua vez, abatem os animais. No caso do lobo-guará, pesquisas sobre a sua dieta em regiões de Minas Gerais e São Paulo mostraram que havia indícios de ingestão de galinhas domésticas em menos de 1% das 1737 amostras de fezes de lobo analisadas[5]. No Pan-

[4]Fontes: RODRIGUES, F. H. G. *Biologia e conservação do lobo-guará na Estação Ecológica de Águas Emendadas, DF.* 2002. Tese de doutorado. Universidade Estadual de Campinas — Unicamp, Campinas; RODRIGUES, F. H. G.; MONTEIRO FILHO, E. L. A. Home range and activity patterns of pampas deer in Emas National Park, Brazil. *Journal of Mammalogy*, v. 81, n. 4, p. 1136-1142, 2000. SILVEIRA, L. *Ecologia e conservação da onça-pintada (*Panthera onça*) e onça-parda (*Puma concolor*) no Cerrado do Brasil Central.* 2004. Tese (Doutorado em Biologia Animal) — Universidade de Brasília — UnB, Brasília.

[5]Fonte: MOTTA JÚNIOR, J. C. et. al. Fama injusta. *Ciência Hoje*, São Paulo, v. 31, n. 185, p. 71-73, 2003.

tanal e no Cerrado, a organização não governamental Fundo para Conservação da Onça-Pintada e a Conservação Internacional desenvolvem um projeto que alia conservação das onças-pintadas com educação ambiental. Nesse projeto, os proprietários avisam para a equipe do projeto quando suspeitam que um dos seus animais foi atacado por onças. A equipe de pesquisadores vai à fazenda e confirma o ataque. Em caso verdadeiro, o proprietário é ressarcido pela perda, no valor do mercado. Mensalmente, a fazenda é visitada por uma equipe multidisciplinar que desenvolve ações educativas e de prevenção à saúde dos moradores da fazenda. As onças-pintadas permanecem vivas, os fazendeiros são ressarcidos e ainda colaboram com uma ação social para a comunidade local.

Algumas pessoas não chegam a matar os animais, mas os capturam, e eles acabam sendo encaminhados aos zoológicos, que não têm condições de receber e manter todos os animais que recebem. Somente como exemplo, o Zoológico de Brasília recebeu, em quatro anos, aproximadamente três mil e novecentos animais silvestres, a maioria proveniente de áreas de Cerrado no próprio Distrito Federal[6]. Além de os zoológicos não terem capacidade para abrigar todos os animais que chegam, a prática de retirá-los da natureza e confiná-los em zoológicos está longe de ser uma solução adequada para o problema.

A captura de animais silvestres também é ocasionada pelo aumento desordenado das zonas urbanas. Os animais acabam aparecendo nas áreas urbanas e são rapidamente capturados. Esse é um caso comum que envolve saguis, tatus, capivaras e tamanduás-mirins. No entanto, outros animais como gambás, morcegos, corujas e outras aves se adaptam com facilidade em centros urbanos, passando a fazer parte da fauna urbana. Contudo, em 2003 apareceram em áreas urbanas de Brasília animais como lobo-guará e suçuarana!

Entretanto, o caso mais grave de captura de animais ainda é a procura para venda como animais de estimação. Araras, papagaios, jabutis, micos e pássaros em geral estão entre os mais procurados. Ao comprar um animal silvestre, mesmo que com boas intenções, as pessoas estão contribuindo para o comércio ilegal lucrativo aos vendedores, mas muito prejudicial aos animais. A compra de animais silvestres estimula aqueles que os capturam a continuarem exercendo essa prática criminosa.

Outra questão que vem preocupando os ambientalistas no Brasil são os atropelamentos de animais silvestres em rodovias. Pesquisadores[7] analisaram esse problema e estimaram que na estrada Brasília–Belo Horizonte, por exemplo, mais de setecentos mamíferos silvestres são atropelados a cada ano, e cerca de dois mil e seiscentos vertebrados apenas no entorno da Estação Ecológica de Águas Emendadas no Distrito Federal. Na BR 262, no Pantanal mato-grossense, estima-se a ocorrência de cerca de cento e cinco casos de atropelamentos de animais silvestres por mês.

Pássaros pequenos, cobras e sapos são atropelados com mais frequência; contudo, como são pequenos, não chamam a nossa atenção ao longo da estrada tanto quanto os mamíferos, cujas principais vítimas são as raposas e os cachorros-do-mato, os tatus e os tamanduás. No Distrito Federal foram registradas mortes por atropelamento de treze lobos-guará em apenas três anos nos arredores da Estação Ecológica de Águas Emendadas. Considerando que a maioria das mortes é de animais jovens e que os pesquisadores estimaram uma população local de cerca de dez lobos adultos para a reserva de 10.500 hectares, as perdas são muito preocupantes. É importante destacar que uma parcela

[6]Fonte: LOUZADA DA SILVA, D. et al. Animais silvestres recebidos pelo Jardim Zoológico de Brasília: implicações na conservação da fauna do Distrito Federal. *Boletim do Herbário Ezechias Paulo Heringer*, v. 3, p. 151-172, 1998.

[7]Fontes: VIEIRA, E. M. Highway mortality of mammals in central Brazil. *Ciência e Cultura Journal of Brazilian Association for the Advancement of Science*, v. 48, n. 4, p. 270-272, 1996; RODRIGUES, F. H. G. et al. Impacto de rodovias sobre a fauna da Estação Ecológica de Águas Emendadas, DF. Anais do III Congresso Brasileiro de Unidades de Conservação p. 585-593, 2002; FISHER, W. A. *Efeitos da BR 262 na mortalidade de vertebrados silvestres*: síntese naturalística para a conservação da região do Pantanal, MS. 1997. Dissertação (Mestrado) — UFMS, Mato Grosso do Sul.

desses atropelamentos é proposital, ou seja, alguns motoristas direcionam o veículo de encontro aos animais, especialmente se forem sapos e cobras.

Existe grande número de espécies de peixes no Cerrado, sendo boa parte de pequeno porte (como os lambaris). Essas espécies e outros organismos aquáticos também estão seriamente ameaçados, mas, neste caso, por causa da destruição das margens e especialmente das cabeceiras dos rios e riachos da região.

Flávio Rodrigues

Haroldo Castro/Conservação Internacional

Flávio Rodrigues

Flávio Rodrigues

Atropelamento de animal silvestre é coisa séria!

Flávio Rodrigues

O fator crucial, porém, para a fauna terrestre do Cerrado é a redução do *habitat* dos animais, causado pelo desmatamento. Sem a vegetação nativa, eles não encontram alimentos, o que os compele a procurar outras áreas e sofrer com os problemas acima descritos.

para refletir e debater

Você já viu animais silvestres atropelados ao longo de rodovias? De quais espécies?

O que causa os acidentes?

Seria possível identificar locais de maior perigo nas redondezas e realizar uma campanha de conscientização?

Uso não sustentável da vegetação

As plantas do Cerrado apresentam uma série de possibilidades de uso, entre elas o medicinal, o ornamental e o alimentício. A utilização da biodiversidade do Cerrado é crucial para o estabelecimento de atividades econômicas sustentáveis para o bioma.

No entanto, a coleta desenfreada tanto de partes reprodutivas (como flores e frutos) quanto de partes vegetativas (raízes, casca e folhas) pode levar a prejuízos irreparáveis para as populações naturais das plantas. Isso significa que, se forem retiradas as flores e os frutos, a planta não poderá se reproduzir e, a médio prazo, o efeito será sentido: as plantas mais velhas morrerão e não haverá plantas novas para substituírem-nas. Isso sem falar que muitos animais dependem das flores e dos frutos para se alimentarem.

Ainda, se as plantas são arrancadas ou têm seus caules e raízes seriamente danificados, podem vir a morrer e, com o tempo, sua espécie deixará de ocorrer na região.

Pequi, jatobá, baru e faveira são exemplos de frutos amplamente coletados do Cerrado para serem utilizados pelo ser humano. Mas parte desses frutos deve ficar na natureza para servir como fonte de alimento aos animais e para gerar novas plantas.

Cuidados mais especiais ainda têm de ser tomados com plantas como a arnica e várias flores nativas, como as sempre-vivas e diversas orquídeas. A arnica é uma das

plantas medicinais mais populares do Cerrado, sendo aplicada para dores, inchaços e como cicatrizante. Contudo, é muito coletada sem ser reposta, ou seja, plantada, fato que tem provocado nítida diminuição nas populações nativas. Além de ocorrer em poucos locais e ser retirada em grandes quantidades, pouco se sabe sobre seus padrões de reprodução, crescimento e sobrevivência. São casos em que os métodos de plantio devem ser mais bem conhecidos para que possamos cultivar as plantas em vez de simplesmente coletá-las. Sempre é bom lembrar que, como o mercado de flores movimenta milhões de dólares em todo o mundo, o domínio das técnicas de cultivo pode significar importante fonte de renda para a população do Cerrado.

A utilização das plantas nativas tem sido feita na maioria dos casos de forma descuidada. Isso gera benefícios imediatos a quem as retira, é verdade, mas, por outro lado, prejudica as plantas de tal forma que inviabiliza qualquer atividade econômica que envolva essas espécies num futuro próximo. É exatamente isso que precisa ser evitado. Usando as plantas com cuidado, poderemos obter delas recursos importantes ao mesmo tempo que as conservamos para as gerações futuras.

Marcelo Bizerril

A sempre-viva é um exemplo de flor já ameaçada pela extração descontrolada.

para refletir e debater

A região onde você mora utiliza plantas e animais do Cerrado?

Se sim, de que maneira? Existe preocupação com a conservação dessas espécies para o futuro?

O que pode ser feito para usar as espécies e ao mesmo tempo conservá-las?

Impactos das queimadas

Como dito anteriormente, o Cerrado apresenta uma longa história de convivência com o fogo natural, apresentando até adaptações a esse tipo de perturbação. Ocorre que, nos dias atuais, a incidência do fogo aumentou consideravelmente devido à ação do ser humano, que provoca queimadas de maneira indiscriminada ao longo de toda a estação seca.

Vale lembrar que, com a passagem do fogo, é comum partes aéreas da planta (ou seja, aquelas acima da superfície do solo) morrerem, e a rebrota ocorrer a partir delas. Em casos mais graves, a parte aérea da planta é totalmente destruída pelo fogo; então, mediante tal fato, a rebrota ocorre a partir das raízes e de outros órgãos subterrâneos. O fogo também mata as plantas jovens de arbustos e árvores do Cerrado, que iriam regenerar a vegetação com o passar do tempo. Daí pode-se perceber que ele causa mudanças na estrutura da vegetação. Quando muito frequente, tende a tornar a vegetação mais aberta, reduzindo não só o número e o tamanho das plantas, como também a diversidade de espécies.

Quanto à fauna, os impactos das queimadas são diferentes em cada grupo. Alguns animais fogem, outros se escondem no subsolo onde o aumento da temperatura durante a passagem do fogo é muito reduzido, e há os que hibernam na época seca. Mas nada disso impede que a fumaça asfixie animais nos seus abrigos.

De qualquer forma, é sabido que os animais de grande porte são severamente atingidos. Um caso típico

Capacidade de regeneração: capacidade de um ecossistema em se recuperar após perturbações externas.

é o do tamanduá-bandeira, que, por ser lento e possuir uma longa cauda peluda altamente inflamável, é frequentemente atingido pelo fogo. No ano de 1994, no Parque Nacional das Emas, em Goiás, uma queimada atingiu 99,9% da área total do Parque. Pesquisadores estimaram que naquela ocasião trezentos e quarenta tamanduás foram mortos em decorrência do fogo[8].

Enfim, apesar de o Cerrado apresentar indícios de uma longa relação histórica com o fogo, devem-se evitar os incêndios propositais. Estudos ainda estão em andamento a fim de determinar os critérios corretos para o manejo do Cerrado mediante a ocorrência de fogo, indicando, por exemplo, com qual frequência as áreas podem ser queimadas sem comprometimento ao ecossistema. O Corpo de Bombeiros, o Ibama e o Prevfogo (Sistema Nacional de Prevenção e Combate aos Incêndios Florestais) podem fornecer informações para a execução de uma queimada controlada com segurança e sobre a legislação básica a respeito do uso do fogo.

Manejo florestal sustentável: planejamento do modo de produção e extração dos produtos florestais para que não percam sua capacidade de renovação natural atendendo à demanda atual e mantendo o potencial produtivo para as gerações futuras.

Flávio Rodrigues

Tatu-canastra morto em incêndio florestal no Parque Nacional das Emas.

para refletir e debater

Se o Cerrado apresenta adaptações para conviver com o fogo, por que queimá-lo gera problemas?

A falta de conhecimento, interesse e informação sobre o Cerrado

Ainda é limitado o conhecimento científico sobre a fauna e flora do Cerrado. Isso é particularmente verdade no que diz respeito à classificação de alguns grupos e à distribuição e situação atual das populações animais e vegetais. Estudos que apontem alternativas para um uso sustentado do Cerrado são também necessários e escassos.

A desinformação da população a respeito do bioma é ainda mais impressionante. Em uma pesquisa realizada no zoológico de Brasília, as pessoas demonstraram que conhecem mais a fauna africana que a do Distrito Federal[9].

O desconhecimento faz com que as pessoas tenham conceitos errados sobre os animais. Existem inúmeras histórias populares relacionadas aos animais, e isso é importante, pois fazem parte de nossa rica cultura. Algumas são belas lendas, outras são

8Fonte: SILVEIRA, L. et al. Impact of wildfires on the megafauna of Emas National Park, central Brazil. *Óryx*, v. 33, n. 2, p. 108-114, 1999.

9Fonte: BIZERRIL, M. X. A.; ANDRADE, T. C. S. Knowledge of the urban population about fauna: comparison between Brazilian and exotic animals. *Ciência e Cultura*, v. 51, n. 1, p. 38-41, 1999.

inocentes anedotas. Contudo, existem aquelas que prejudicam as espécies, visto que animais são mortos ou mutilados em decorrência de certas crenças, seja ao fantasiar ou exagerar o perigo representado por certos animais, seja por conferir poderes miraculosos ou fonte de sorte a certas partes do corpo dos animais. Isso acontece, por exemplo, com os olhos do lobo-guará e com o osso hioide (popularmente conhecido como "gogó") do bugio.

É preciso conhecer melhor nosso Cerrado para que as pessoas aprendam a ver a sua beleza e a respeitá-lo. É um trabalho que deve envolver todos: população, órgãos não governamentais, os governos e agências ambientais.

Agências ambientais: órgãos públicos responsáveis pela execução das normas ambientais dentro dos Estados. Fornecem as licenças ambientais para a implantação de empreendimentos e indústrias; controlam a poluição do ar, do solo e da água e também colaboram com programas de educação ambiental. Exemplos: Cetesb — SP, Naturatins — TO, Agência Ambiental — GO, entre outros. Cada Estado possui sua própria agência ambiental.

Marcelo Bizerril

As pessoas conhecem muito mais animais exóticos, como o coala (à esquerda), que animais brasileiros, como o tamanduá-mirim (abaixo). Faça o teste com as pessoas que você conhece!

Marcelo Bizerril

pesquise

Considere a seguinte lista de animais (ou outra qualquer que mescle animais exóticos e brasileiros): elefante, hiena, avestruz, naja, anta, lobo-guará, seriema, cascavel. Investigue quais são mais conhecidos pelas pessoas e o que sabem sobre eles.

Haroldo Castro/Conservação Internacional

e ainda...

O Cerrado é um *Hotspot*: boa ou má notícia?

Hotspot é um termo em inglês usado para indicar locais prioritários para a conservação da natureza no mundo. O critério que os cientistas adotaram para a escolha desses locais é baseado na diversidade de espécies, número de espécies endêmicas (que ocorrem apenas no local) e grau de ameaça e destruição. São vinte e cinco os *hotspots* do mundo, podendo ser citados o Caribe, na América Central, as florestas da Tanzânia e de Madagascar, na África, a região do sul da China, as ilhas da Polinésia e Nova Zelândia, na Oceania, e muitos outros. No Brasil, a Mata Atlântica e o Cerrado são os biomas listados. Se, por um lado, o Cerrado passa a ter projeção internacional como fonte de preocupação de ambientalistas em todo o mundo, por outro, a sua inclusão na lista deve-se à destruição descontrolada que vem sofrendo por nossas ações. Portanto, quanto mais rápido trabalharmos para que o Cerrado não precise estar nessa lista, melhor.

para refletir e debater

Converse com amigos sobre crenças e histórias populares associadas aos animais silvestres. Verifique quais são as mais interessantes e as que podem ser prejudiciais aos animais.

saibamais

Para ler

BIZERRIL, M. X. A. Humanos no zoológico. *Ciência Hoje*, São Paulo, v. 28, n. 163, p. 64-67, 2000.

______. O cerrado nos livros didáticos de ciências e geografia. *Ciência Hoje*, São Paulo, v. 32, n. 192, p. 56-60, 2003.

HENRIQUES, R. P. B. O futuro ameaçado do Cerrado Brasileiro. *Ciência Hoje*, São Paulo, v. 33, n. 195, p. 34-39, 2003.

IBAMA, PREVFOGO E GTA. *Queimada controlada*: verde é a cor do Brasil. Brasília: Ibama, 1998.

IVANISSEVICH, A. Para não dizer adeus à nossa flora. *Ciência Hoje*, São Paulo, v. 33, n. 193, p. 36-37, 2003.

MAIA, O. B. Saúde para o lobo-guará. *Ciência Hoje*, São Paulo, v. 32, n. 190, p. 68-69, 2003.

MOTTA JÚNIOR, J. C. et al. Fama injusta. *Ciência Hoje*, São Paulo, v. 31, n. 185, p. 71-73, 2003.

SÁ, M. F. P.; VERONI, N. F.; FRAGOSO, E. N. Peixes do Cerrado em perigo. *Ciência Hoje*, São Paulo, v. 34, n. 200, p. 68-71, 2003.

A conservação

Haroldo Palo Jr.

Conservação do Cerrado

Apesar da destruição que tem provocado, a espécie humana também tem feito esforços pela conservação da natureza. Existem duas formas principais de ação:

1) a retirada de espécies da natureza para conservação em locais como os zoológicos, jardins botânicos e outras instituições de pesquisa. Nesse caso, também se enquadram as coletas e armazenamentos de estruturas reprodutivas como sementes (plantas) e sêmen e óvulos (animais);
2) a conservação das espécies no seu próprio local de origem. É o caso das reservas ou Unidades de Conservação, que, como vimos, são áreas protegidas ou com controle no uso dos recursos naturais.

No Brasil, as Unidades de Conservação (UCs) são classificadas em dois grupos:

- *Unidades de proteção integral*: quando a visitação é controlada e os objetivos principais são pesquisa e conservação. Exemplos desse tipo de unidade são os Parques Nacionais (e estaduais), as Estações Ecológicas e as Reservas Biológicas.
- *Unidades de uso sustentável*: quando o objetivo é permitir a exploração sustentada dos recursos naturais, incluindo a permanência de pessoas residindo na reserva. São as Áreas de Proteção Ambiental (APAs), Florestas Nacionais (Flonas), Reservas Extrativistas e outras.

Existem cerca de cento e cinquenta UCs na região do Cerrado, sendo quarenta e quatro de responsabilidade do Governo Federal. As demais são diretamente ligadas aos estados e municípios.

Lista de algumas das principais reservas do Cerrado

Reservas	Estado
Parque Nacional de Brasília, Reserva Ecológica do Roncador, Estação Ecológica de Águas Emendadas, Jardim Botânico de Brasília	DF
Parque Nacional das Emas, Parque Nacional da Chapada dos Veadeiros, Parque Estadual de Terra Ronca, Parque Estadual Serra de Caldas, Parque Estadual Serra Dourada	GO
Parque Nacional do Araguaia, Parque Nacional das Nascentes do Rio Parnaíba, Estação Ecológica da Serra Geral do Tocantins, Parque Estadual do Jalapão	TO
Parque Nacional da Serra da Canastra, Parque Nacional do Grande Sertão Veredas, Parque Nacional da Serra do Cipó, Parque Nacional do Caparaó, Parque Nacional das Cavernas do Peruaçu Parques Estaduais: Ibitipoca, Serra do Rola-Moça e outros	MG
Parque Nacional da Chapada dos Guimarães, Estação Ecológica Serra das Araras, Estação Ecológica Pirapitinga, Estação Ecológica Taiamã	MT
Parque Nacional da Serra da Bodoquena, Parques Estaduais: Nascentes do Rio Taquari, Várzeas do Ivinhema	MS
Estações Ecológicas: Jataí, Águas de Santa Bárbara e Itirapina	SP
Parque Estadual do Paraná	PR
Parque Nacional da Chapada Diamantina	BA
Parque Nacional de Sete Cidades	PI

Reservas são fundamentais no plano atual de conservação da natureza, contudo apresentam limitações: estão cada vez mais isoladas umas das outras e não têm tamanho para abrigar quantidades de animais e plantas suficientes para a conservação das espécies em longo prazo. Além disso, não se pode separar o ser humano da natureza, isolando-a em reservas onde ficará protegida de nós, humanos! É preciso reaprender a conviver harmonicamente com a natureza, respeitando-a e sabendo utilizá-la para nossa sobrevivência sem comprometer o futuro da nossa e das outras espécies.

Por isso, cada área particular conservada é uma importante contribuição para a manutenção das espécies e dos processos naturais. Atualmente, a legislação permite a oficialização dessas reservas particulares por meio das RPPNs – Reservas Particulares do Patrimônio Natural, que têm contribuído de modo significativo para a conservação do Cerrado.

pesquise

A partir de um mapa com as Unidades de Conservação de seu estado (disponível no site do Ministério do Meio Ambiente: http://www.mma.gov.br/areas-protegidas/cadastro-nacional-de-ucs/mapas), pesquise a porcentagem de área protegida e as distâncias entre as reservas.

Procure mais orientações sobre as RPPNs e onde elas estão localizadas.

A partir do mapa de UCs do Brasil (disponível nesta página), veja se é possível verificar a porcentagem de unidades situadas no Cerrado e nos demais biomas, e em todos os estados.

para refletir e debater

Quais reservas (públicas ou particulares) existem nas redondezas de onde você vive? Você já as visitou? Junte-se a seus vizinhos e amigos e procurem o administrador da reserva a fim de conhecer as dificuldades enfrentadas e identificar maneiras de ajudá-lo na conservação do local.

O papel da educação ambiental

Na história da Terra, nunca a natureza sofreu tantas agressões quanto no século XX. Apenas nos últimos quarenta anos, a população humana aumentou de 3 bilhões, em 1960, para mais de 6 bilhões nos dias de hoje! Esse crescimento populacional refletiu-se diretamente sobre a exploração dos recursos naturais e, com isso, vieram os grandes problemas ambientais que enfrentamos, como a poluição do ar e da água, o desmatamento, a perda de biodiversidade e a consequente extinção de inúmeras espécies de plantas e animais. Estima-se que, na velocidade em que a degradação ambiental vem ocorrendo, um quinto de todas as espécies podem desaparecer nos próximos vinte anos.

Dentre os principais entraves que o mundo enfrenta ao tentar resolver esses problemas está a falta de participação popular. É que boa parte das pessoas ainda não percebeu os problemas ambientais existentes e o quanto eles afetam suas vidas. E outra grande parte dos que perceberam está esperando que o governo ou outro alguém os resolva!

Fonte: Ibama.

Degradação ambiental: processo de deterioração de uma área ou do meio ambiente como um todo, que pode ser por ação provocada pelo ser humano ou natural.

Para mudar essa situação, é fundamental que as crianças de hoje tomem conhecimento dos problemas ambientais e percebam que são capazes de discutir e implementar soluções. Além disso, é preciso que crianças e jovens aprendam a amar a natureza. *Só há comprometimento em defender algo de que se gosta e que se valoriza.*

Apesar de o tema educação ambiental (EA) ter começado a ser difundido de modo amplo apenas recentemente, desde 1977 já haviam sido delineados os seus princípios em uma conferência realizada na cidade de Tbilisi, capital da Georgia (ex-URSS).

A EA pode ser definida como "um processo permanente no qual os indivíduos e a comunidade tomam consciência do seu ambiente e adquirem conhecimentos e habilidades, experiências e determinação que os tornem aptos a agir e resolver problemas ambientais presentes e futuros". Assim, dentre seus objetivos principais, a EA deve:

- contribuir para a formação de uma consciência sobre a importância da preservação da qualidade do meio ambiente em sua relação com o desenvolvimento;
- favorecer a aquisição de conhecimentos, valores, comportamentos e habilidades práticas a partir da reorientação e articulação das diversas disciplinas e experiências educativas, para a participação responsável e eficaz na prevenção e solução dos problemas ambientais e da gestão da qualidade do meio ambiente;
- facilitar a percepção integrada do meio ambiente, tornando possível uma ação mais crítica que identifique as causas e não apenas seus efeitos e, com isso, induzir novas formas de conduta, nos indivíduos e na sociedade, a respeito do meio ambiente.

Apesar de haver diretrizes, não existem regras rígidas a serem obedecidas quando se trabalha com educação ambiental. Somente com a determinação e o esforço de cada um será possível implantar projetos e práticas que levem à frente os propósitos da educação ambiental.

A pesquisa científica e a sustentabilidade do Cerrado

O avanço das pesquisas tem permitido o aumento do conhecimento sobre o Cerrado, o que é imprescindível para conservá-lo, usá-lo e apreciá-lo.

Cada vez mais encontros científicos discutem questões relativas à conservação do Cerrado e, por meio de pesquisas, tem se comprovado a possibilidade de seu uso sustentável. Os frutos têm revelado importantíssimas fontes de saúde e renda para as comunidades e pequenos agricultores. O pequi e a guariroba, por exemplo, têm algumas centenas de toneladas comercializadas por ano apenas na região de Goiânia. Várias espécies nativas, especialmente de gramíneas, podem ser utilizadas como pastagem para o gado, e a possibilidade de extração madeireira responsável e sustentável é uma importante alternativa ao desmatamento das árvores e arbustos do Cerrado, feito muitas vezes de forma indiscriminada e inconsequente para atender o consumo de carvão vegetal na região.

Esforços em reunir pesquisadores de várias áreas do conhecimento com atuação na região têm gerado importantes documentos que indicam áreas prioritárias para a conservação da biodiversidade do bioma, além de propor alternativas que diminuam os impactos ambientais.

Uma ação sempre importante é amplificar os canais de comunicação entre os centros de pesquisa e a sociedade, de modo que todos passem a ter acesso às informações mais recentes sobre a natureza, suas potencialidades e conservação.

A sociedade civil organizada

As organizações não governamentais (ONGs) têm desempenhado um papel fundamental no processo de mudança das nossas relações com a natureza. Grupos organizados têm mais voz e estrutura para atuar junto às comunidades e aos governos. Além disso, não se pode esperar que todas as decisões e soluções partam exclusivamente dos governos. Exercer a cidadania consiste em manifestar opiniões, mas também em agir em prol da qualidade de vida de todos.

Em relação ao Cerrado, pequenas e grandes ONGs têm trabalhado tanto junto às comunidades, como junto aos governos e às instituições de pesquisas, gerando informações novas e promovendo ações concretas voltadas para a conservação desse bioma.

A ONG Conservação Internacional, por exemplo, atua no Cerrado em parceria com os Estados e fortalecendo outras ONGs locais na implementação dos Corredores de Biodiversidade, na definição de áreas prioritárias para a conservação, em ações de regularização das reservas legais com os proprietários de terra, na elaboração das listas de espécies ameaçadas de extinção e também no desenvolvimento de ações de educação ambiental.

A Rede Cerrado de ONGs[10] é outro exemplo, destacando-se por procurar sistematizar o trabalho de várias pequenas e grandes ONGs que atuam na região. Um levantamento feito indicou sessenta entidades distribuídas entre associações (comunitárias, de pequenos produtores, de indígenas e de remanescentes de quilombos), organizações ambientalistas e centros de pesquisa. Essas entidades desenvolvem várias atividades, com destaque para educação ambiental e popular, organização comunitária, manejo e uso dos recursos naturais, apoio à saúde e cultura popular, pesquisa e difusão de tecnologias.

Essa Rede também vem realizando, há alguns anos, os Encontros e Feiras dos Povos do Cerrado. Nessas oportunidades, são apresentadas experiências sobre atividades ambientalmente sustentáveis no Cerrado e expostos produtos agroecológicos, frutos nativos, plantas medicinais e publicações. Também é um espaço para a divulgação de articulações comunitárias e redes de educação ambiental, além de apresentações de músicas, danças típicas e artesanato, fortalecendo os costumes tradicionais e a rica cultura do Cerrado.

Uma certa organização já pode ser observada em termos do uso sustentado de produtos do Cerrado. Projetos sobre a coleta da faveira (*Dimorphandra mollis*) e do uso do fruto e da castanha do baru (*Dipterix alata*) são exemplos de que é possível promover renda para as comunidades do Cerrado ao mesmo tempo que há preocupação com a conservação das plantas. Isso se faz evitando-se danificar a planta durante a coleta e permitindo que parte dos frutos permaneça na natureza a fim de possibilitar a reprodução das plantas.

Marcelo Bizerril

Produtos derivados do baru, expostos no 3.º Encontro e Feira dos Povos do Cerrado.

Reserva legal: corresponde a uma parcela, regida por lei, de uma determinada área destinada à preservação das espécies e como banco genético. No Brasil, a legislação determina que a reserva legal deve ser de pelo menos 20% da área a ser desmatada.

Uma outra importantíssima opção para um uso sustentável do Cerrado é o turismo. São grandes as potencialidades da região para o turismo rural e o ecoturismo. As inúmeras cachoeiras e as belas paisagens, a observação da fauna, o contato com a história e a cultura do Planalto Central e a tranquilidade do interior são convi-

[10]Veja também a publicação: PIRES, M. O.; SANTOS, I. M. (Org.). *Construindo o Cerrado sustentável*: experiências e contribuições das ONGs. Rede Cerrado de Organizações Não governamentais.

tes para inesquecíveis viagens. Contudo, muitas regiões ainda praticam um tipo de turismo que pode gerar a destruição do ambiente. A maioria das Unidades de Conservação é mal equipada e tem poucos funcionários, fato que dificulta boa articulação entre as reservas e a estrutura turística.

pesquise

Dentre as várias localidades (ou Unidades de Conservação) do Cerrado, quais são as ideais para:

a) ver belas cachoeiras?

b) observar a fauna do cerrado?

c) conhecer mais sobre a história e a cultura do Cerrado?

para refletir e debater

Quais são as diferenças entre o turismo que prejudica o meio ambiente e a cultura local e aquele que pode ser benéfico para todos?

O que você pode fazer pelo Cerrado?

Para atingir de fato as causas da destruição, não só do Cerrado como da natureza de modo geral, é preciso rever os modelos de desenvolvimento adotados por nós – nossos conceitos de riqueza e qualidade de vida e nossa relação com a natureza e com o próximo.

Isso ainda demanda tempo e não é nada fácil, mas é importante buscarmos soluções e melhorias a cada dia. Existem, contudo, ações imediatas que são reduzir a destruição da biodiversidade e a desigualdade social e nos educarmos para um processo de gestão participativa do ambiente.

Nesse sentido, temos coisas a fazer já, e a juventude pode e deve atuar em várias frentes:

- buscando aproximar-se mais do Cerrado, tanto através do conhecimento quanto pelo lado afetivo, por meio de leituras, viagens e "explorações" (sempre com responsabilidade e em segurança!);
- divulgando o Cerrado e conscientizando amigos e familiares sobre a sua beleza e importância;
- formando grupos de observadores e defensores da natureza e da qualidade de vida com seus colegas e vizinhos;
- evitando incêndios e não deixando lixo em locais públicos, especialmente em trilhas, acampamentos, cachoeiras e grutas;
- não maltratando animais e plantas de um modo geral;
- zelando pelos animais nas estradas, especialmente próximo a áreas naturais;
- evitando o desperdício de água e energia elétrica;
- evitando o consumo desnecessário e a produção exagerada de lixo;
- apoiando e participando de iniciativas de conservação do Cerrado e do uso sustentado de seus produtos;
- fiscalizando as ações dos outros em relação à natureza;
- exigindo preocupação e respeito ao meio ambiente por parte das autoridades públicas e dos candidatos a cargos públicos.

Entretanto, de todas essas possibilidades, a maior e mais eficaz contribuição em termos educativos é o bom exemplo dado nas pequenas ações do dia a dia.

para refletir e debater

O que você e seus conhecidos podem fazer de concreto para a melhoria da qualidade de vida da sua comunidade?

saiba mais

Algumas entidades ligadas ao meio ambiente e educação ambiental com ação no Cerrado:

Órgãos Governamentais

Emater – Empresa de Assistência Técnica e Extensão Rural
www.emater.[sigla do estado].gov.br
(por exemplo: www.emater.rj.gov.br; www.emater.pb.gov.br)

Embrapa Cerrado – Planaltina – DF
www.cpac.embrapa.br

Funai – Fundação Nacional do Índio
www.funai.gov.br

Ibama – Instituto Brasileiro do Meio Ambiente e dos Recursos Naturais Renováveis
www.ibama.gov.br

MEC – Ministério da Educação
www.mec.gov.br

MMA – Ministério do Meio Ambiente
www.mma.gov.br

Organizações Não Governamentais

Ambiente Brasil
site: www.ambientebrasil.com.br

Articulação Pacari – Plantas medicinais do Cerrado
Rede de Intercâmbio de tecnologias alternativas. Belo Horizonte – MG
site: www.pacari.org.br

Associação Kapey – União das aldeias Krahô
Av. Leopoldo de Bulhões, Q. I L.1/5 - S. Pedro Ludovico – CEP 74493-130
Goiânia – GO

Associação Pró-carnívoros – Associação para conservação dos carnívoros neotropicais
Caixa Postal 17088 – CEP 02399-970 – São Paulo – SP
site: www.procarnivoros.org.br

Carta da Terra
site: www.cartadaterrabrasil.com.br/

Cedac – Centro de Desenvolvimento Agroecológico do Cerrado
Rua C-233, quadra 572, lote 02, Nova Suíça – CEP 74290-040 – Goiânia – GO
Tel.: (0**62) 32514075
e-mail: cedac@cedac-ong.org.br

Cenesc – Centro de Estudos e Exploração Sustentável do Cerrado
Caixa Postal 12 – CEP 72980-000 – Pirenópolis – GO
e-mail: cenesc@gmail.com

Conservação Internacional do Brasil
site: www.conservation.org.br

Ecoa – Ecologia e Ação
Rua 14 de julho, 3169, Centro – CEP 79002-333 – Campo Grande – MS
Tel.: (0**67) 3324-3230
site: www.riosvivos.org.br/ecoa
e-mail: ecoa@riosvivos.org.br

Empório do Cerrado
Rede de comercialização solidária de agricultores familiares e extrativistas do Cerrado
site: www.emporiodocerrado.org.br
e-mail: rede@emporiodocerrado.org.br

Fórum Ambientalista de Brasília
e-mail: forum@ambiente.org.br

Funatura – Fundação Pró-Natureza
SCLN 107, bloco B, salas 201/209 – CEP 70743-520 – Brasília – DF
Tel.: (0**61) 3274-5449
site: www.funatura.org.br
e-mail: funatura@funatura.org.br

Fundação Biodiversitas
site: www.biodiversitas.org.br

Fundação O Boticário de Proteção à Natureza
site: www.fbpn.org.br

Fundação Pró-Cerrado
site: www.fpc.org.br

Instituto Sociedade, População e Natureza – ISPN
site: www.ispn.org.br

Instituto Socioambiental
site: www.socioambiental.org

Oréades – Núcleo de Geoprocessamento
site: www.oreades.org.br

Patrulha Ecológica
site: www.patrulhaecologica.org.br

Instituto Socioambiental Árvore
site: www.ibflorestas.org.br/sites-ambientais-113/190-instituto-arvore.html

Instituto Oca Brasil
site: www.ocabrasil.org

Rede Cerrado de Organizações Não Governamentais
SCLN 114, bloco B, sala 104 – Asa Norte – CEP 70764-510 – Brasília – DF
Tel.: (0**61) 3274-7789
site: www.redecerrado.org.br
e-mail: redecerrado@gmail.com

Rede de Sementes do Cerrado
site: www.rsc.org.br

Renctas – Rede Nacional contra o Tráfico de Animais Silvestres
site: www.renctas.org.br

WWF – World Wildlife Foundation
site: www.wwf.org.br

Glossário

Agenda 21: documento elaborado durante a ECO 92, em que constam todos os compromissos que os seres humanos, governos e instituições deverão observar e implantar para melhorar a qualidade de vida dos povos do mundo para o século XXI. Cada capítulo da Agenda 21 trata de um tema específico, como habitação, saúde, povos tradicionais, biodiversidade, mudanças climáticas, entre outros.

Agricultura orgânica, cultivo orgânico: tipo de agricultura que obedece padrões de produção naturais, ou seja, que não se utiliza de fertilizantes químicos ou defensivos agrícolas. Em muitos países há uma grande demanda para o consumo de produtos feitos a partir de técnicas agrícolas naturais.

Agroecologia: agricultura sustentada que utiliza os mais recentes avanços tecnológicos e antigas práticas agrícolas para assegurar o uso continuado da terra e menos danos ao meio ambiente. Muitos aspectos da agroecologia são semelhantes às técnicas de agricultura orgânica, mas numa escala maior. Elas incluem uma combinação de práticas agrícolas antigas, tais como rotação de culturas e o cultivo de superfície, com novas tecnologias. O manejo integrado de pragas também é usado na agroecologia para reduzir o uso de pesticidas.

Agrofloresta: uma das técnicas da agricultura orgânica que busca estabelecer uma forma de plantio de espécies alimentares em consórcio com espécies naturais da floresta, procurando, assim, uma forma de equilíbrio entre a agricultura e a floresta.

Biopirataria: processo de apropriação tanto do conhecimento tradicional sobre a utilização da fauna e flora quanto das próprias espécies vivas para posterior estudo, reprodução em laboratório e comercialização, sem que o país de origem ou a população tradicional tenha qualquer direito ou benefício financeiro sobre elas.

Biosfera: porção terrestre, aquática e aérea do nosso planeta onde a vida se faz presente.

Compostagem: processo utilizado para produção de adubo orgânico, em que a matéria-prima é composta por restos de alimentos e de vegetais, terra e, algumas vezes, por excrementos de animais. Sofrem a decomposição pela ação de micro-organismos, fermentação e calor.

Consórcio: utilização combinada de duas ou mais espécies vegetais e/ou animais num mesmo local. A agrofloresta é um exemplo de plantio consorciado.

Decomposição: processo de transformação de organismos mortos, ou parte deles, em substâncias orgânicas e inorgânicas, através da ação conjunta de micro-organismos decompositores.

Desertificação: processo de degradação do solo, natural ou provocada pela ação do homem ao remover a cobertura vegetal ou praticar utilização predatória que, em condições climáticas e de solo particulares, acaba por transformá-lo num deserto. Essa alteração ecológica tira da terra a sua capacidade de sustentar atividades agropecuárias, habitacionais e de fornecer alimento para a flora e a fauna.

Disposição dos resíduos: deposição de material a

ser descartado ou indesejado proveniente de atividades industriais, hospitalares e domésticas.

Efeito estufa, aquecimento global, mudanças climáticas: os gases-estufa, entre eles o dióxido de carbono, produzem o efeito estufa, que retém calor próximo da superfície terrestre, mantendo a temperatura relativamente constante. Muitas atividades humanas aumentam a quantidade de gases-estufa na atmosfera, o que pode provocar um aumento gradual da temperatura da superfície da Terra, processo conhecido como aquecimento global ou mudanças climáticas.

Especulação fundiária: procedimento de que alguns proprietários de grandes extensões de terras se valem para valorizar suas fazendas. De modo geral, são utilizados documentos falsos que indicam uma infraestrutura e melhorias que na verdade não existem.

Especulação imobiliária: procedimento muito semelhante à especulação fundiária, entretanto refere-se às áreas urbanas. Algumas pessoas compram grandes áreas em regiões afastadas de centros urbanos e quase sem valor econômico. Por um longo período, essas áreas ficam abandonadas, sem qualquer utilização. Quando ocorre o crescimento da cidade para a construção de habitações e novos empreendimentos, são implantadas redes de infraestrutura (água, energia, rede de telefonia, avenidas, entre outras) próximas a essas áreas, e os proprietários se beneficiam disso, vendendo suas terras por preços altos, ganhando muito dinheiro sem ter realizado qualquer investimento nos terrenos.

Estação de Tratamento de Efluentes – ETE: conjunto de instalações e equipamentos implantados nas indústrias e cidades visando o tratamento de resíduos líquidos ou esgotos gerados por suas atividades, deixando-os sem carga poluidora e próprios para o lançamento nos corpos d'água.

Estudo de Impacto Ambiental/Relatório de Impacto Ambiental – EIA/RIMA: documentos que visam caracterizar um empreendimento em termos de possíveis efeitos negativos para o meio ambiente e procuram identificar prováveis medidas para diminuir os impactos ambientais e o controle desses impactos. O EIA descreve as consequências ambientais com dados empíricos e se baseia nas informações contidas na literatura científica e legal, sendo elaborado por uma equipe multidisciplinar independente. O RIMA é o texto final, em linguagem menos técnica, destinado a esclarecer o administrador e o público sobre as vantagens e desvantagens do empreendimento proposto.

Filtro biológico: equipamento composto por areia, cascalho, pedra britada, carvão ou outro meio pelo qual a água residuária sofre um processo de infiltração biológica de limpeza.

Fitoplânctons: organismos vegetais, geralmente microscópicos, que vivem flutuando na água e servem de alimento para algumas espécies.

Fossilização: processo de mineralização ou petrificação ao qual matérias vivas – animal ou vegetal – são submetidas em períodos geológicos passados. Os extintos dinossauros encontrados por pesquisadores passaram pelo processo de fossilização.

Fragmentos florestais, remanescentes: áreas florestadas circundadas por áreas com atividades econômicas diversas. Os remanescentes são fragmentos florestais originais que ainda permanecem no ambiente natural.

Húmus: matéria orgânica de cor escura resultante da decomposição de plantas e animais.

Intemperismo: processo de mudança climática responsável pela fragmentação e decomposição das rochas.

Latifundiários: nome dado aos proprietários de grandes extensões de terras, donos de latifúndios.

Licenciamento ambiental: forma de autorização que os empreendimentos precisam obter para que possam funcionar. Eles necessitam cumprir determinadas exigências ambientais que constam nas leis federais e estaduais.

Micro-organismos decompositores: organismos que desintegram gradualmente os organismos mortos, reduzindo-os às moléculas utilizadas na formação das moléculas orgânicas.

Nicho ecológico: papel desempenhado pelo organismo na comunidade em que vive, como reprodução, alimentação, espaço físico utilizado.

Paleontologia: estudo das espécies desaparecidas, baseado nos fósseis organizados.

Patrimônio genético: conjunto da diversidade de genes que se configuram como bens, como valor histórico, econômico e outros tipos de valoração.

Patrimônio paisagístico: conjunto da diversidade de paisagens que se configuram como bens, como valor histórico, cultural, social. O Cerrado também é patrimônio paisagístico do Brasil.

Perenifólia: diz-se da vegetação que não perde as folhas durante todo o ano.

Planejamento ambiental: processo ordenado para identificar, conceber e influenciar decisões sobre a atividade econômica, de forma que tal atividade não reduza a produtividade dos sistemas naturais nem a qualidade ambiental.

Plano de manejo: planejamento da forma, escala e intensidade da exploração que deve ser constantemente monitorado e atualizado. Deve ainda ser aprovado pelos órgãos competentes de cada Estado. É somente a partir desse passo que são regularizadas as atividades de exploração, de modo que o trabalho possa ser iniciado.

Reposição florestal, reflorestamento, revegetação: restabelecimento de uma cobertura vegetal arbórea sobre um terreno previamente desmatado, utilizando espécies exóticas ou nativas.

Reservas da biosfera: instrumento de conservação que favorece a descoberta de soluções para problemas como o desmatamento das florestas tropicais, a desertificação, a poluição atmosférica, o efeito estufa etc.

Riscos ambientais: fatores que colocam em risco o equilíbrio do meio ambiente.

Roça de coivara: tipo de agricultura que utiliza fogo para a limpeza do terreno para o plantio. Trata-se de uma técnica milenar indígena muito difundida e ainda utilizada no Brasil. Em muitos casos, o uso errado da técnica da roça de coivara pode provocar grandes incêndios florestais.

Rotação das culturas, pastagens: sistema em que a área a ser utilizada para o plantio é dividida em pequenas áreas e, segundo um período preestabelecido, é feita uma alternância nessas pequenas áreas dos diferentes tipos de cultura a serem cultivados. A rotação minimiza o desgaste do solo.

Sedimento: material originado da decomposição de qualquer tipo de rocha ou material de origem biológica, transportado e depositado na superfície terrestre, nos leitos de rios e no mar.

Selos verdes: concedidos aos produtos que têm impactos reduzidos ao meio ambiente. Com eles, os consumidores podem facilmente identificar os que mais respeitam o meio ambiente e a relação da empresa fabricante com o meio ambiente. O selo traz benefícios aos empresários e sensibiliza os consumidores.

Sistema de Gerenciamento Ambiental – SGA: planejamento e implementação de um sistema para identificar todas as atividades, produtos e serviços da empresa relacionados com o meio ambiente e que podem causar algum tipo de dano, e, então, decidir o que e como fazer para não causar impactos ambientais. A redução do impacto ambiental também diminui os custos e evita o desperdício de recursos como água e energia. A empresa sai ganhando com uma produção mais sustentável e com uma relação melhor com a comunidade.

Sociodiversidade: termo utilizado para designar a diversidade de culturas humanas existentes em uma determinada região, utilizado principalmente para referir-se às populações tradicionais de áreas nativas.

Sucessão natural de espécies: ressurgimento natural, em áreas degradadas ou não, de espécies animais e vegetais segundo suas escalas naturais de aparecimento.

Troca genética: intercâmbio efetivo de genes entre indivíduos ou populações de uma espécie ou mesmo entre espécies diferentes compatíveis e que concretiza o fluxo gênico, criando a diversidade.

Bibliografia

ALHO, C. R. J.; MARTINS, E. S. *De grão em grão, o Cerrado perde espaço*. Edição WWF, 1995.

BECKER, M.; DALPONTE, J. *Rastros de mamíferos silvestres brasileiros*. Brasília: Editora UnB, 1991.

BERTRAN, P. *História da terra e do ser humano no Planalto Central*: Eco-história do Distrito Federal – do indígena ao colonizador. Brasília: Verano, 2000.

BRASIL. *Biodiversidade brasileira*. Brasília: Ministério do Meio Ambiente, 2002.

______. *Ações prioritárias para a conservação da biodiversidade do Cerrado e Pantanal*. Brasília: Ministério do Meio Ambiente, 1999.

CARTELLE, C. *Tempo passado*: mamíferos do Pleistoceno em Minas Gerais. Belo Horizonte: Palco, 1994.

DIAS, B. F. S. (Org.). *Alternativas de desenvolvimento dos Cerrados*: manejo e conservação dos recursos naturais renováveis. 2. ed., Brasília: Fundação Pró-Natureza, 1996.

DIEGUES, A. C. *O mito moderno da natureza intocada*. São Paulo: Hucitec, 1996.

______; ARRUDA, R. S. V. *Saberes tradicionais e biodiversidade no Brasil*. Brasília: Ministério do Meio Ambiente, 2001.

DISTRITO FEDERAL. Arquivo Público do Distrito Federal. *Comissão Cruls*. Encarte do Relatório Cruls, 1992.

DUARTE, J. M. B. *Guia de identificação de cervídeos brasileiros*. Jaboticabal: Funep, 1996.

DUARTE, L. M. G.; BRAGA, M. L. S. (Org.). *Tristes Cerrados* — sociedade e biodiversidade. Brasília: Paralelo 15, 1998.

FARIAS, R. et al. *Caminhando pelo cerrado*: plantas herbáceo-arbustivas. Brasília: Editora UnB, 2002.

FELFILI, J. M. et al. *Plantas da APA Gama e Cabeça de Veado*: espécies, ecossistema e recuperação. Brasília: UnB/Departamento de Engenharia Florestal, 2002.

FONSECA, G. A. B. et al. *Livro vermelho dos mamíferos brasileiros ameaçados de extinção*. Belo Horizonte: Fundação Biodiversitas, 1994.

LORENZI, H. *Árvores brasileiras*: manual de identificação e cultivo de plantas arbóreas nativas do Brasil. Nova Odessa, SP: Plantarum, 1992.

MARINHO FILHO, J.; RODRIGUES, F.; GUIMARÃES, M. (Ed.). *Vertebrados da Estação Ecológica de Águas Emendadas*: história natural e ecologia em um fragmento de cerrado do Brasil Central. Brasília: Semantec—IEMA/Governo do Distrito Federal, 1998.

MINISTÉRIO DO MEIO AMBIENTE; FUNATURA; *CONSERVATION INTERNATIONAL*; FUNDAÇÃO BIODIVERSITAS; UNIVERSIDADE DE BRASÍLIA. *Ações prioritárias para a conservação da biodiversidade do Cerrado e Pantanal*. Brasília, 1999.

MIRANDA, H. S.; SAITO, C. H.; DIAS, B. F. S. (Org.). *Impactos de queimadas em áreas de Cerrado e Restinga*. Brasília: Departamento de Ecologia da UnB, 1996.

MORÁN, E. F. *A ecologia humana das populações da Amazônia*. Petrópolis: Vozes, 1990.

OLIVEIRA, P. S.; MARQUIS, R. J. *The cerrados of Brazil*: ecology and natural history of a neotropical savanna. New York: Columbia University Press, 2002.

OLIVEIRA, T. G.; CASSARO, K. *Guia de identificação dos felinos brasileiros.* São Paulo: Sociedade de Zoológicos do Brasil/Fundação Parque Zoológico de São Paulo, 1997.

PINTO, M. N. *Cerrado*: caracterização, ocupação e perspectivas. 2. ed., Brasília: Editora UnB, 1994.

PIRES, M. O.; SANTOS, I. M. (Org.). *Construindo o Cerrado sustentável*: experiências e contribuições das ONGs. Goiânia: Rede Cerrado de Organizações Não governamentais, 2000.

RATTER, J. A.; RIBEIRO, J. F.; BRIDGEWATER, S. The Brazilian Cerrado vegetation and threats to its biodiversity. *Annals of Botany*, v. 80, n. 223-230, 1997.

RIBEIRO, J. F. (Ed.). *Cerrado*: matas de galeria. Planaltina: Embrapa—CPAC, 1998.

______; FONSECA, C. E. L.; SOUSA-SILVA, J. C. (Ed.). *Cerrado*: caracterização e recuperação de matas de galeria. Planaltina: Embrapa Cerrados, 2001.

SALDANHA, P.; WERNECK, R. *Expedições*: terra e povos do Brasil — Cerrado. Rio de Janeiro: Edições Del Prado, 1999.

SANO, S. M.; ALMEIDA, S. P. (Ed.). *Cerrado*: ambiente e flora. Planaltina: Embrapa—CPAC, 1998.

SEBBEN, A. (Org.). *Cartilha de Ofidismo* — cobras do Distrito Federal e entorno. Identificação, prevenção de acidentes e primeiros socorros. Brasília: Editora UnB, 1996.

SICK, H. *Ornitologia brasileira.* Rio de Janeiro: Nova Fronteira, 1997.

SILVA JÚNIOR, M. C.; FELFILI, J. M. *A vegetação da Estação Ecológica de Águas Emendadas.* Brasília — DF: Secretaria de Meio Ambiente, Ciência e Tecnologia/Sematec-GDF, 1996.

WALTER, B. M. T.; SAMPAIO, A. B. *A vegetação da Fazenda Sucupira.* Brasília: Embrapa, 1998.

Sobre o autor

Tania Andrade

Marcelo Ximenes Aguiar Bizerril nasceu em 1971, em Brasília. É biólogo, com mestrado e doutorado em Ecologia pela Universidade de Brasília. Nos últimos dez anos, tem desenvolvido pesquisas relacionadas a vários aspectos da ecologia do Cerrado e da educação ambiental, especialmente ligados à escola. É professor da UNB (Universidade de Brasília) desde 2006.